根据轴测图绘制三视图辅导教程

徐进学　主编

石 油 工 业 出 版 社

内 容 提 要

本教程共分为六章,主要介绍了基本几何体的轴测图与三视图,切割体的轴测图与三视图,组合体的轴测图与三视图,尺寸标注,技术要求,轴测图画三视图综合举例。本教程配合"机械制图"基本理论知识的学习,适用于油田各工种高级技师、技师、高级工技能鉴定的培训,也可供相关专业人员参考。

图书在版编目(CIP)数据

根据轴测图绘制三视图辅导教程/徐进学主编.
北京:石油工业出版社,2013.1
ISBN 978-7-5021-9345-4

Ⅰ.根…
Ⅱ.徐…
Ⅲ.三视图－工程制图－教材
Ⅳ.TB23

中国版本图书馆 CIP 数据核字(2012)第 259143 号

出版发行:石油工业出版社
　　　　(北京安定门外安华里2区1号　100011)
　　　　网　　址:www.petropub.com
　　　　编辑部:(010)64523580　图书营销中心:(010)64523633
经　　销:全国新华书店
印　　刷:北京中石油彩色印刷有限责任公司

2013年1月第1版　2017年3月第3次印刷
787×1092毫米　开本:1/16　印张:6.25
字数:150千字

定价:18.00元
(如出现印装质量问题,我社图书营销中心负责调换)
版权所有,翻印必究

前　言

近年来，我们从教学培训过程中发现，在机械制图培训项目中没有与之相适应的培训教材，即缺少轴测图与三视图的相关培训资料，急需一本相匹配的培训教学资料，用以解决技能操作人员对于机械制图的基础知识理解得不够透彻、缺乏一定的空间想象能力的问题。为了更好地提高教学培训效果，提高操作人员的机械制图实践操作能力，编者总结了多年的教学培训经验，并查阅了相关资料，绘制了大量的轴测图与三视图，完成了本教程的编写工作。

本教程适用于油田各工种高级技师、技师和高级工技能鉴定的培训，也适用于各油田二级单位员工机械制图的培训。

本教程共分为六章，第一章主要介绍基本几何体的轴测图与三视图；第二章主要介绍切割体的轴测图与三视图；第三章主要介绍组合体的轴测图与三视图；第四章主要介绍尺寸标注；第五章主要介绍技术要求；第六章主要介绍轴测图画三视图综合举例。

本教程由中国石油长庆培训中心徐进学担任主编，长庆培训中心高健、佟雪松，川庆钻探长庆井下技术作业公司王增元参与了编写工作。长庆培训中心各级领导对本教程的编写给予了大力的支持和帮助，在此表示感谢。

由于编者水平有限，书中难免会有不足之处，敬请使用本教程的人员提出批评和改进意见，以便今后不断修改完善。

编　者

2012 年 5 月

目 录

第一章 基本几何体的轴测图与三视图 …………… 1
  1-1 平面立体的轴测图与三视图 ………………… 1
  1-2 曲面立体的轴测图与三视图 ………………… 3

第二章 切割体的轴测图与三视图 ………………… 4
  2-1 平面切割体的轴测图与三视图 ……………… 5
  2-2 曲面切割体的轴测图与三视图 ……………… 8

第三章 组合体的轴测图与三视图 ………………… 13
  3-1 相贯体的轴测图与三视图 …………………… 13
  3-2 组合体的轴测图与三视图 …………………… 16

第四章 尺寸标注 …………………………………… 27
  4-1 基本体的尺寸标注 …………………………… 27
  4-2 切割体的尺寸标注 …………………………… 31
  4-3 相贯体的尺寸标注 …………………………… 36
  4-4 组合体的尺寸标注 …………………………… 38
  4-5 综合举例 ……………………………………… 39

第五章 技术要求 …………………………………… 43
  5-1 表面粗糙度 …………………………………… 43
  5-2 极限与配合 …………………………………… 46
  5-3 形位公差 ……………………………………… 50
  5-4 技术要求综合举例 …………………………… 53

第六章 轴测图画三视图综合举例 ………………… 54
  6-1 轴测图与三视图 ……………………………… 54
  6-2 轴测图 ………………………………………… 84

参考文献 …………………………………………… 94

第一章 基本几何体的轴测图与三视图

1-1 平面立体的轴测图与三视图

(一) 棱柱体的轴测图与三视图

1. 三棱柱轴测图与三视图

2. 四棱柱轴测图与三视图

3. 五棱柱轴测图与三视图

4. 六棱柱轴测图与三视图

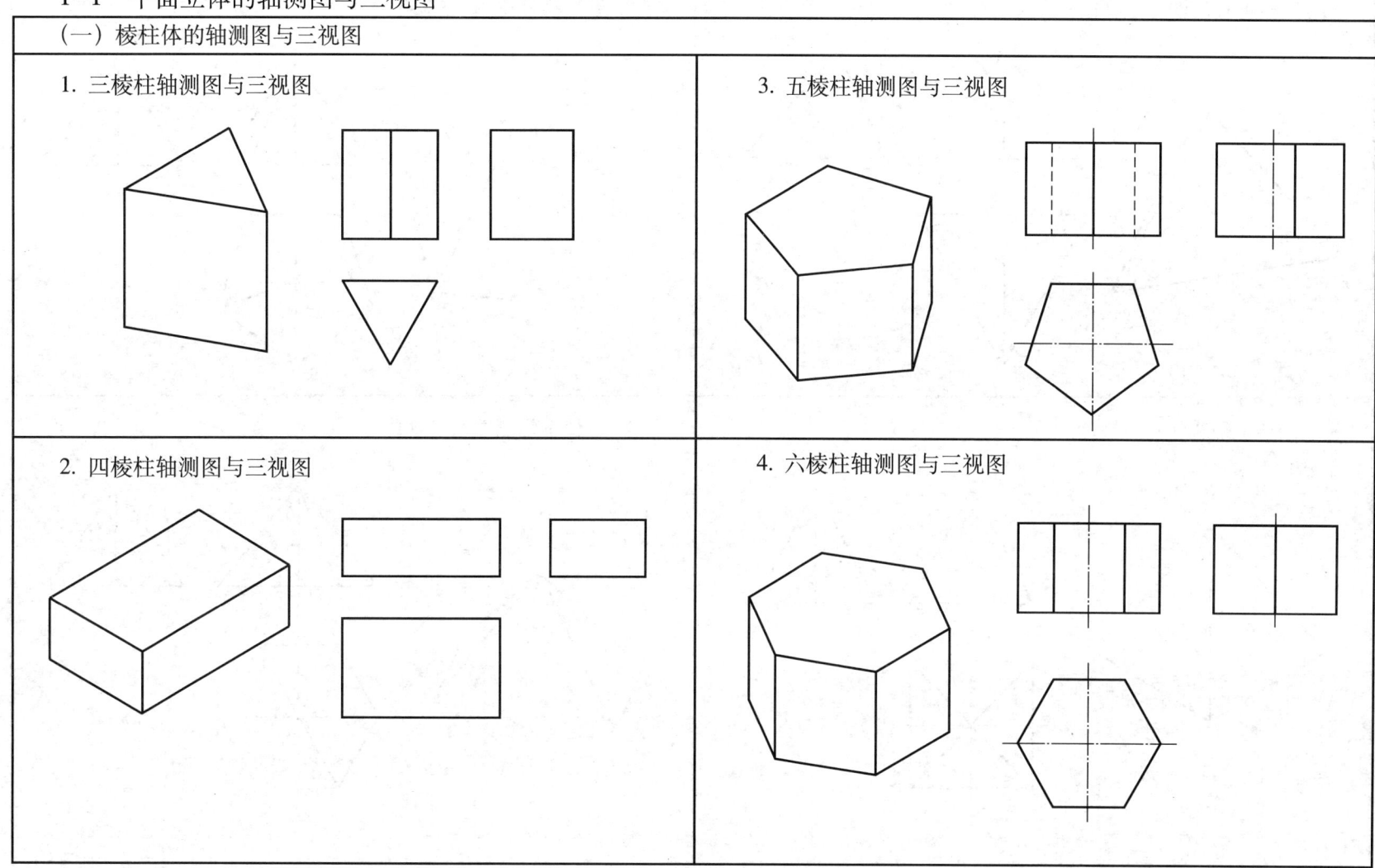

—1—

(二) 棱锥体的轴测图与三视图

1. 三棱锥轴测图与三视图

2. 四棱锥轴测图与三视图

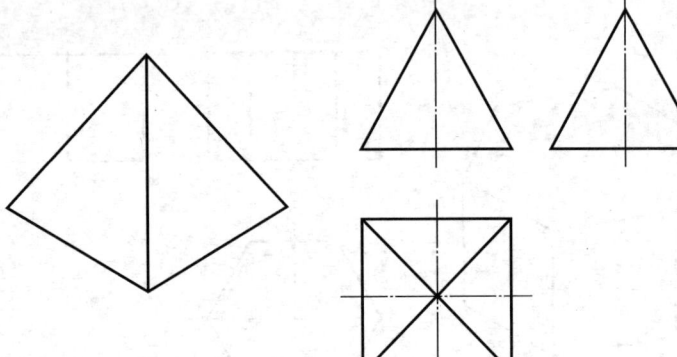

3. 五棱锥轴测图与三视图

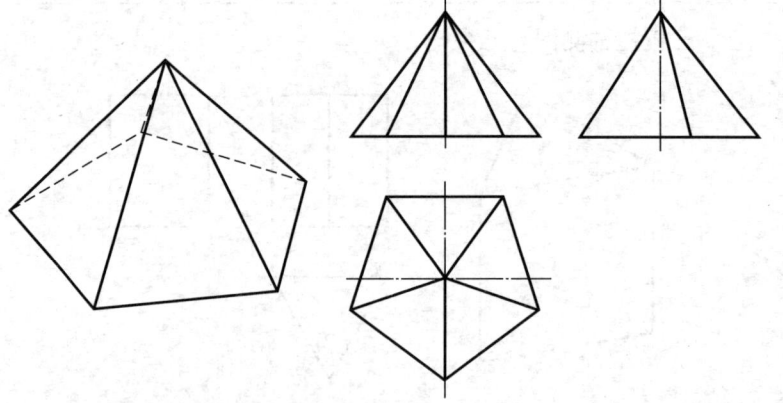

4. 六棱锥轴测图与三视图

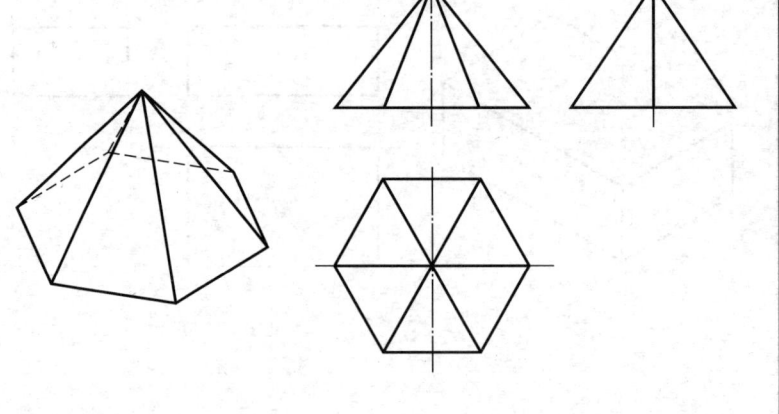

1-2 曲面立体的轴测图与三视图

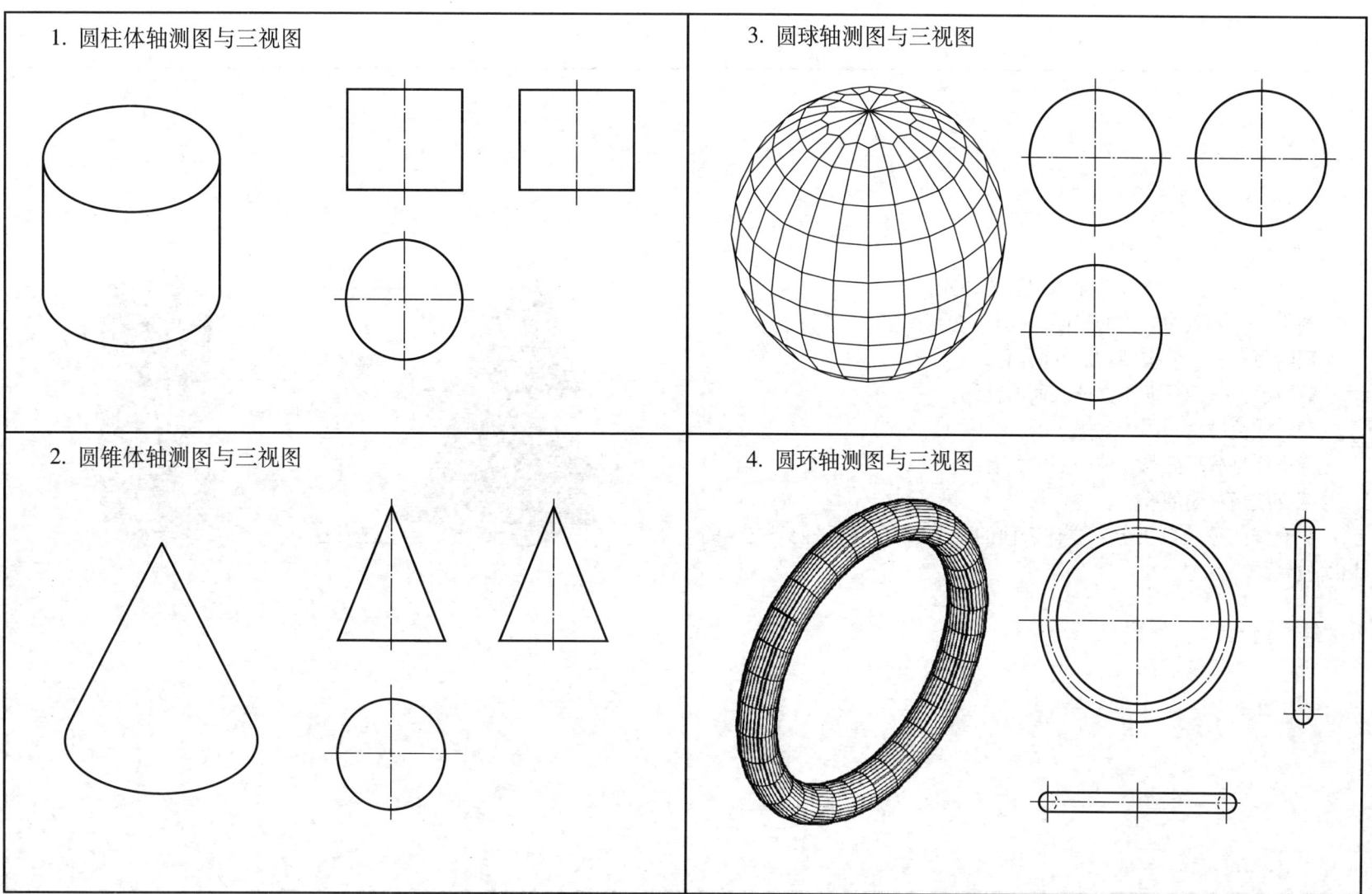

1. 圆柱体轴测图与三视图
2. 圆锥体轴测图与三视图
3. 圆球轴测图与三视图
4. 圆环轴测图与三视图

第二章　切割体的轴测图与三视图

切割体及截交线的概念：
切割体——基本体被平面截切后的部分。
截平面——截切立体的平面。
截断面——立体被截切后的断面。
截交线——截平面与立体表面的交线。
截交线性质：
截交线是截平面与立体表面的共有线。
截交线是封闭的线条。
截交线的形状取决于：立体表面的几何形状；截平面与立体的相对位置。

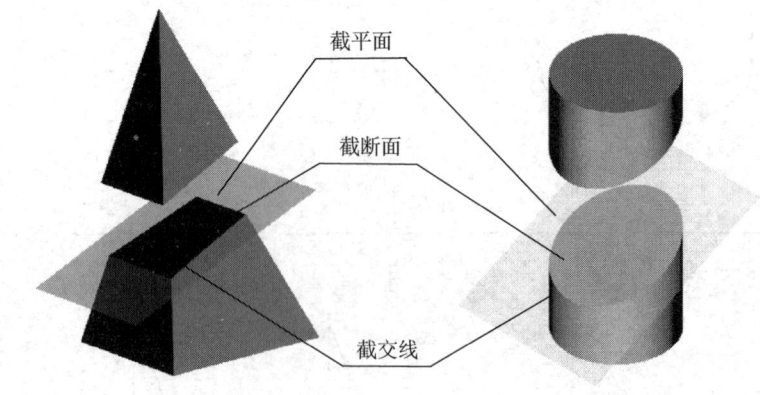

2-1 平面切割体的轴测图与三视图

平面立体被切割后的截交线是一个封闭的平面多边形。
平面立体被切割的画法：
（1）画出原平面立体的三视图。
（2）画平面立体的截交线的投影，其实质上就是求截平面与立体各被截棱线的交点的投影。

（一）棱柱切割体的轴测图与三视图

1. 三棱柱切割体轴测图与三视图
（1）

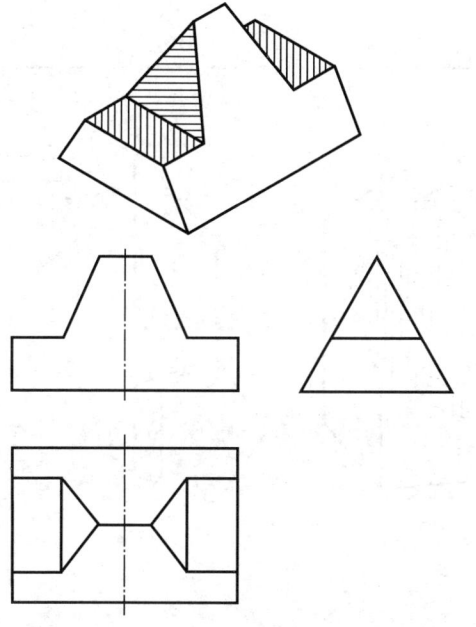

（2）

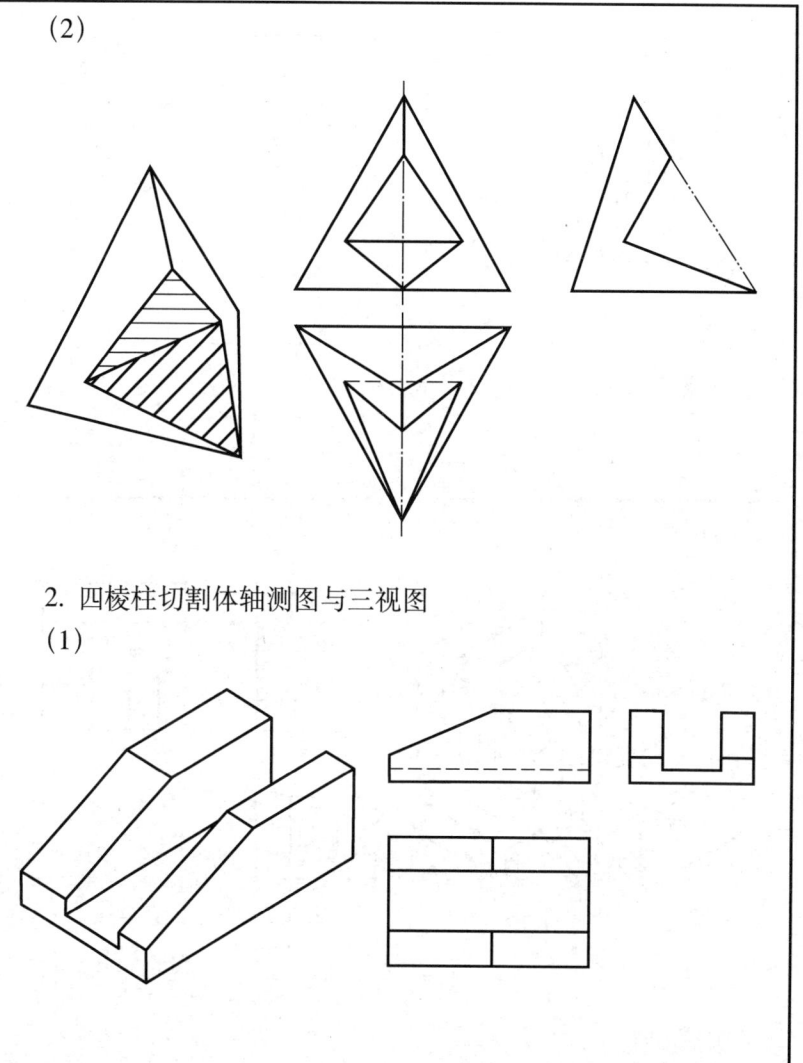

2. 四棱柱切割体轴测图与三视图
（1）

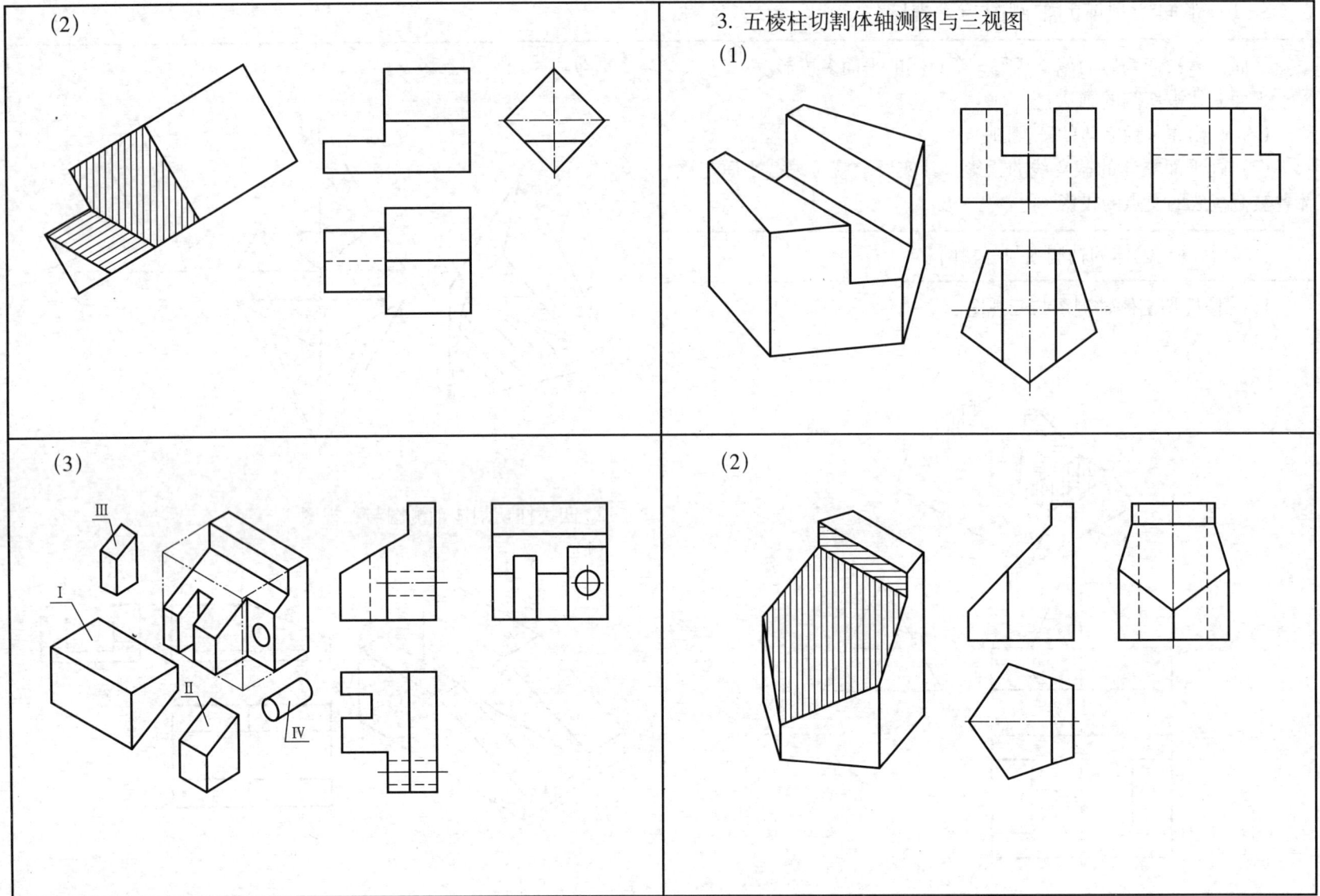

4. 六棱柱切割体轴测图与三视图

(1)

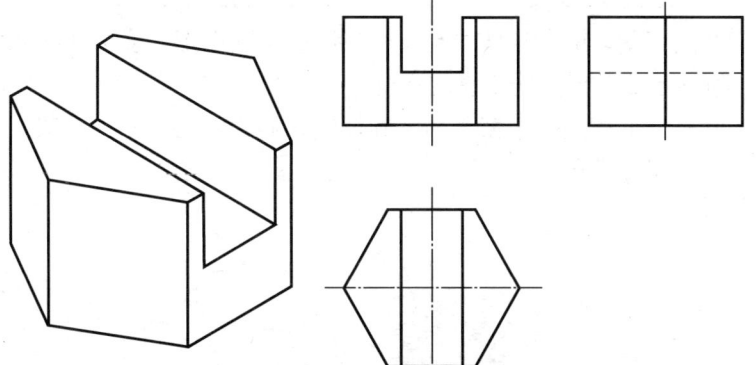

(2)

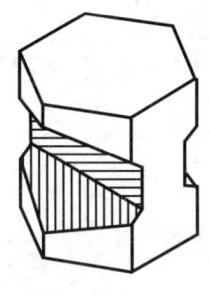
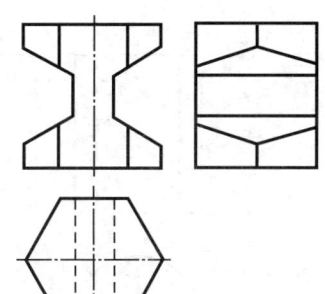

(二) 棱锥体切割体的轴测图与三视图

1. 三棱锥切割体轴测图与三视图

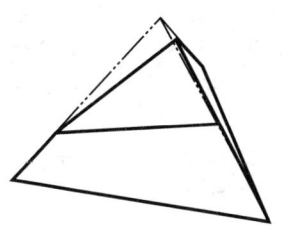
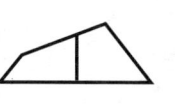
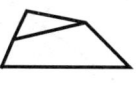

2. 四棱锥切割体轴测图与三视图

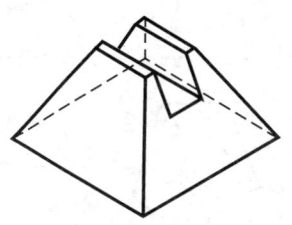
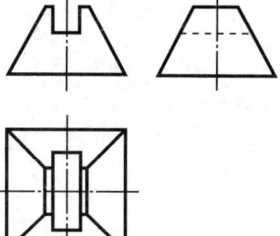

2-2 曲面切割体的轴测图与三视图

3. 六棱锥切割体轴测图与三视图

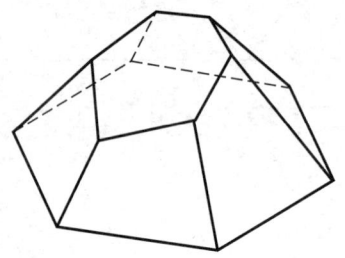
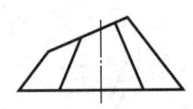
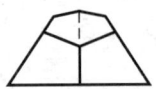
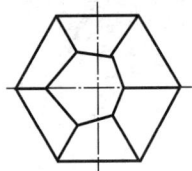

4. 五棱锥切割体的轴测图与三视图

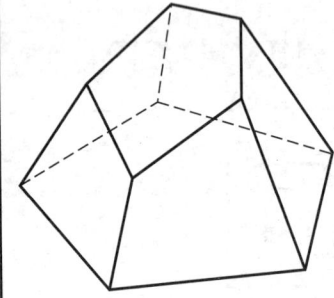
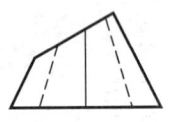

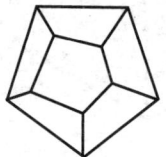

（一）圆柱切割体的轴测图与三视图

曲面切割体的截交线也是一个封闭的平面图形，多为曲线或曲线与直线围成，或直线与直线围成。

圆柱体的截切由于截平面与圆柱轴线的相对位置不同，截交线有三种不同的形状。

（1）

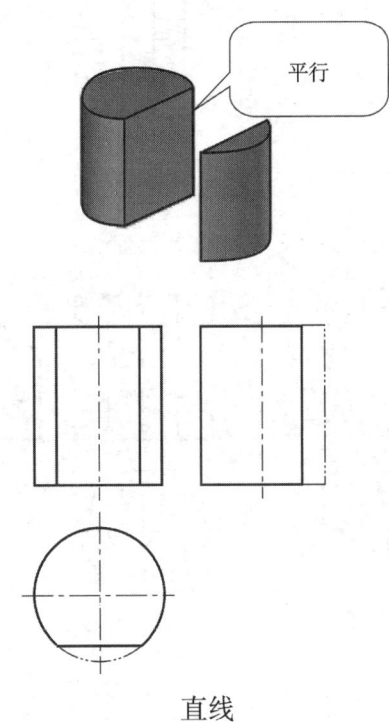

直线

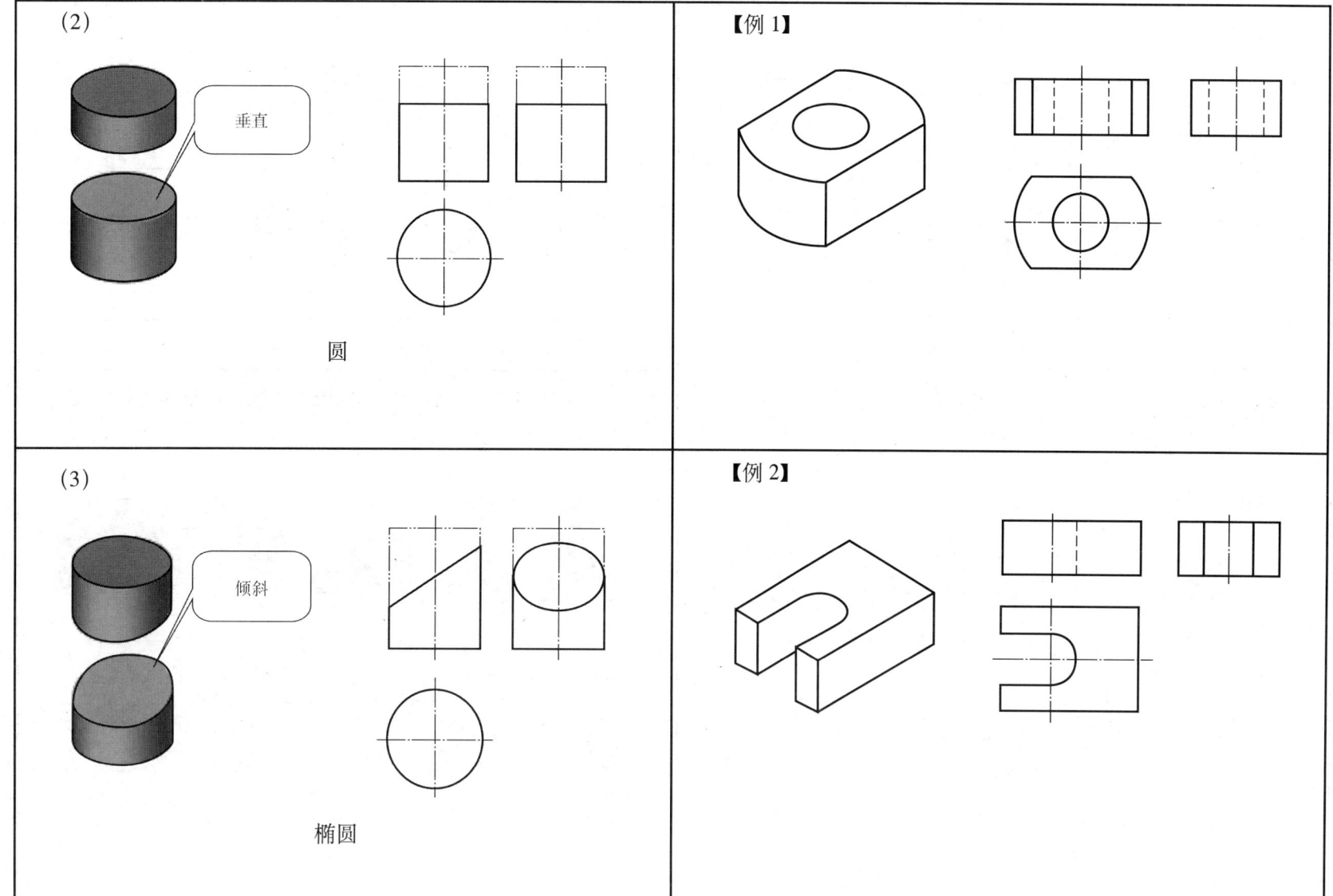

【例3】

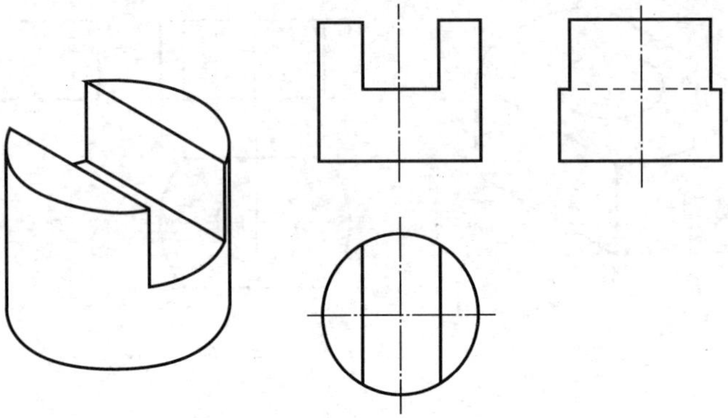

【例4】

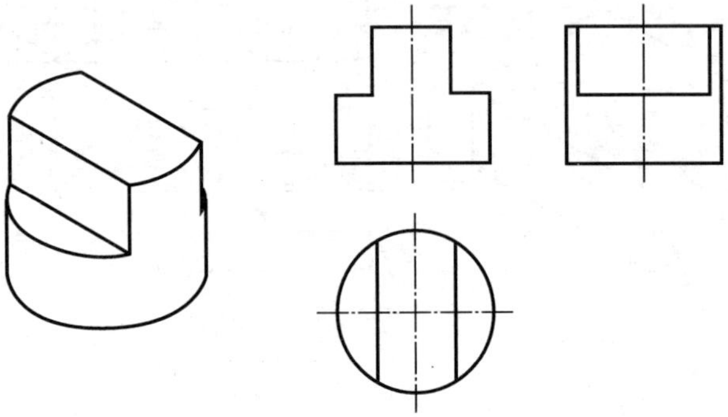

【例5】

(二) 圆锥切割体的轴测图与三视图

根据截平面与圆锥轴线的相对位置不同,圆锥体的截交线有五种形状。

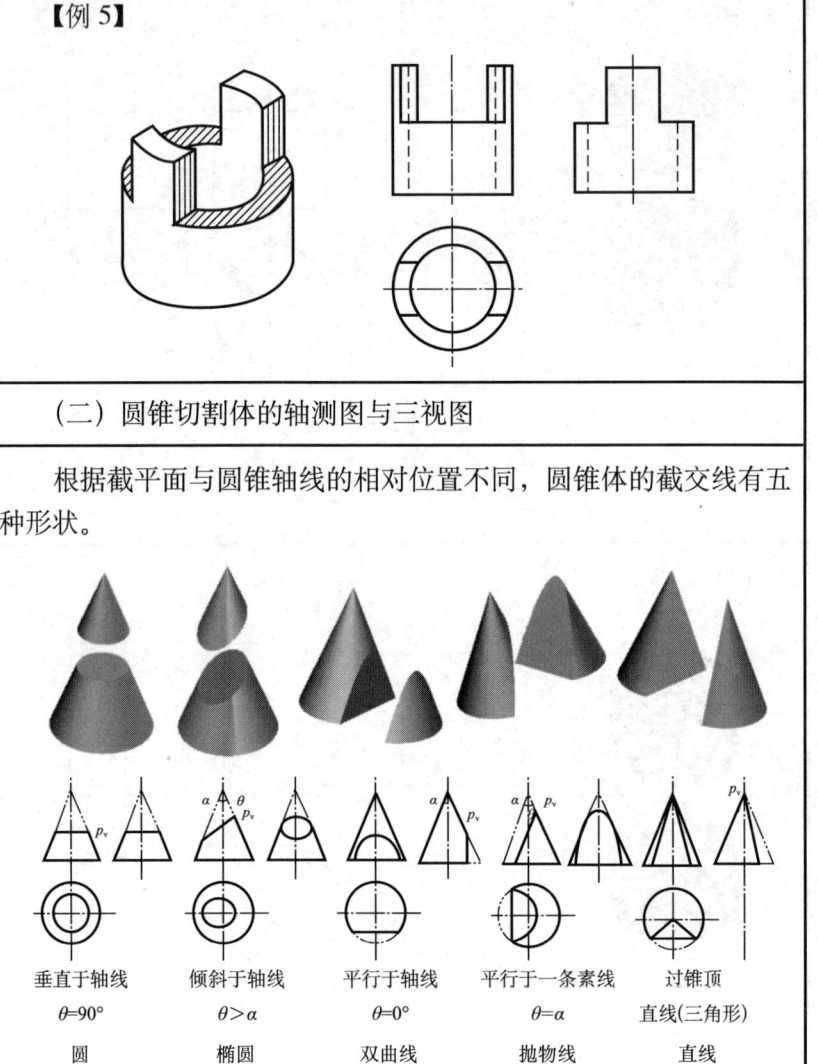

垂直于轴线	倾斜于轴线	平行于轴线	平行于一条素线	过锥顶
$\theta=90°$	$\theta>\alpha$	$\theta=0°$	$\theta=\alpha$	直线(三角形)
圆	椭圆	双曲线	抛物线	直线

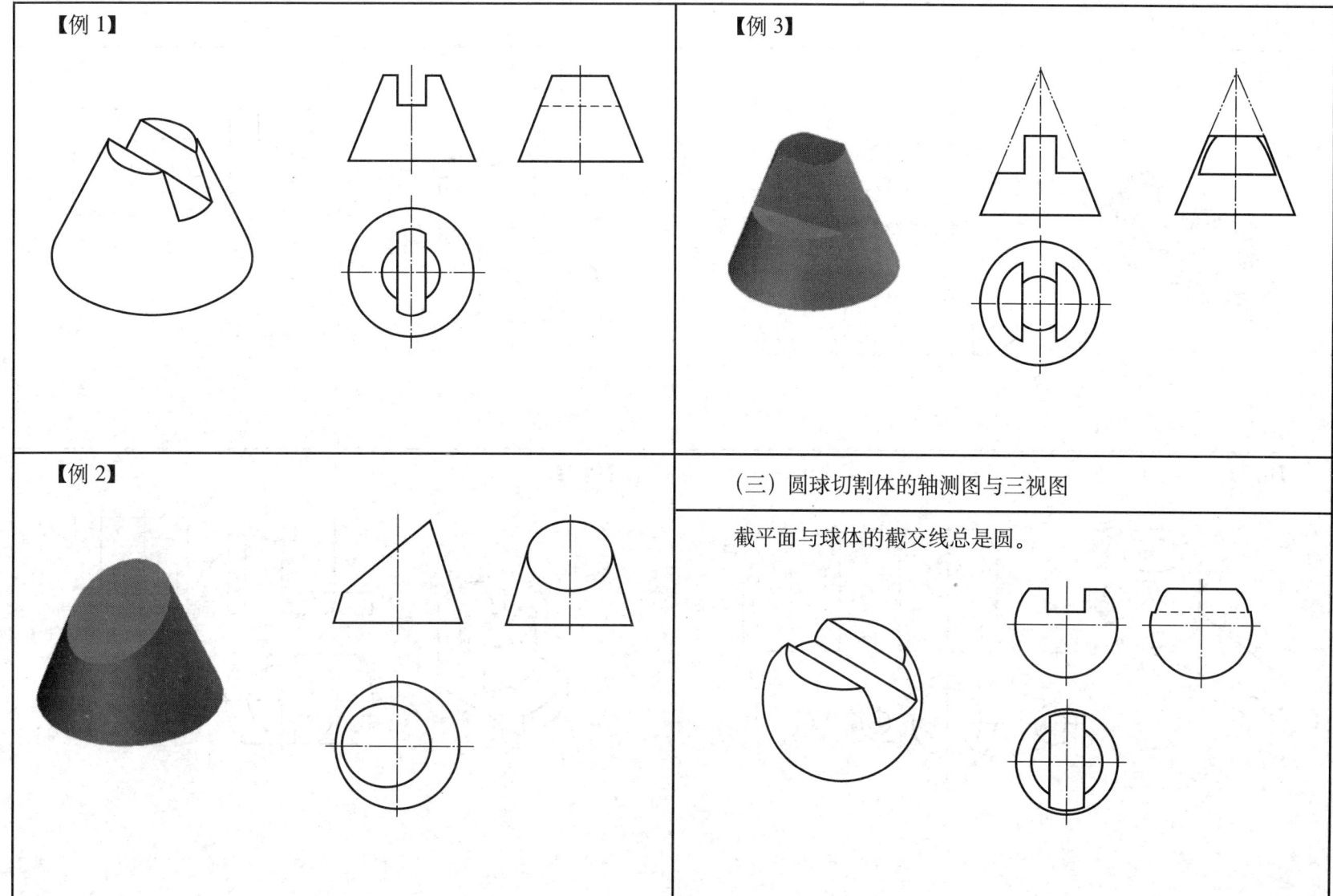

【例1】

【例2】

【例3】

(三) 圆球切割体的轴测图与三视图

截平面与球体的截交线总是圆。

(四) 综合举例

【例1】

【例2】

【例3】

【例4】

第三章 组合体的轴测图与三视图

3-1 相贯体的轴测图与三视图

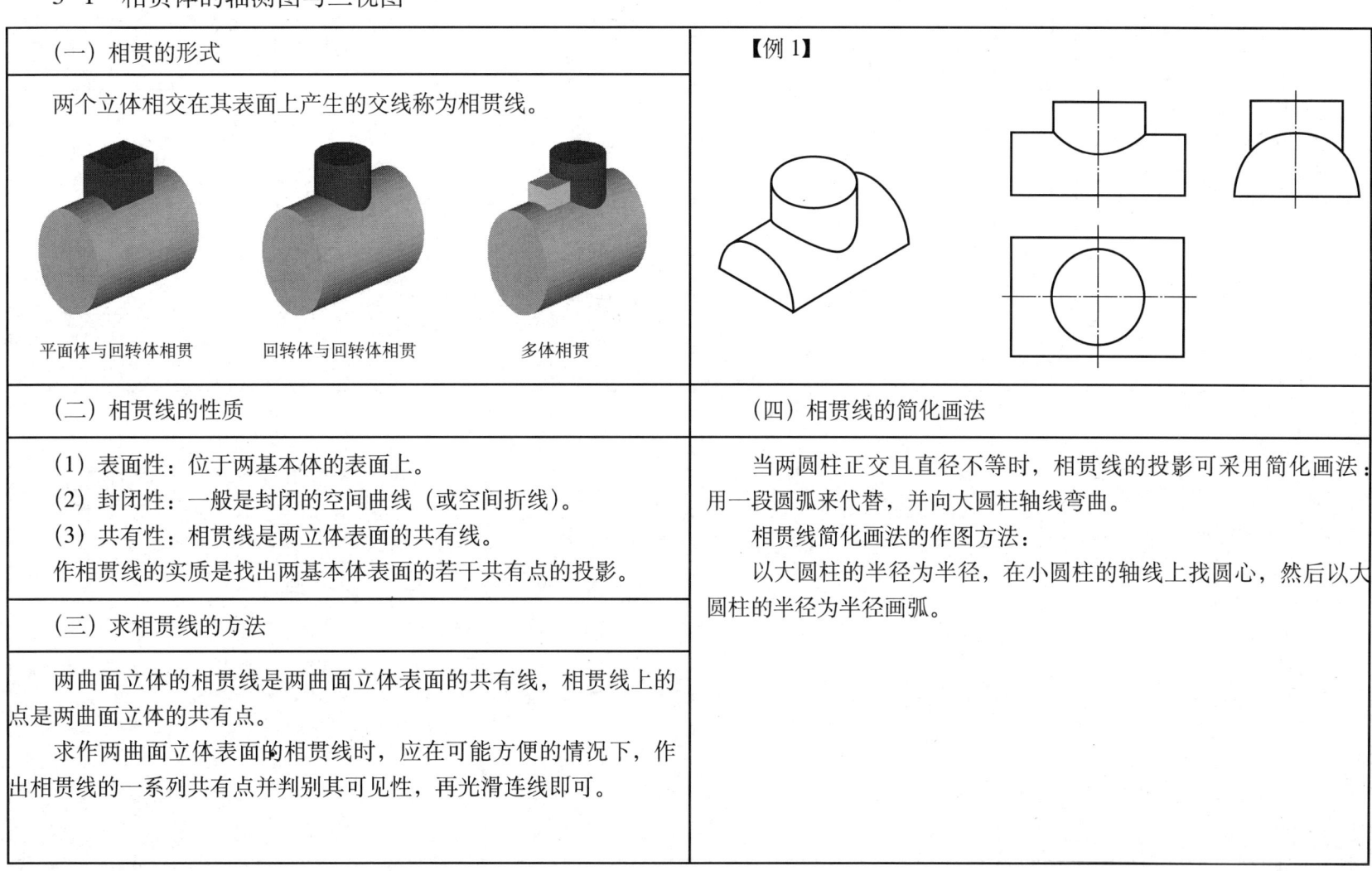

（一）相贯的形式	【例1】
两个立体相交在其表面上产生的交线称为相贯线。 平面体与回转体相贯　回转体与回转体相贯　多体相贯	
（二）相贯线的性质	（四）相贯线的简化画法
（1）表面性：位于两基本体的表面上。 （2）封闭性：一般是封闭的空间曲线（或空间折线）。 （3）共有性：相贯线是两立体表面的共有线。 作相贯线的实质是找出两基本体表面的若干共有点的投影。	当两圆柱正交且直径不等时，相贯线的投影可采用简化画法：用一段圆弧来代替，并向大圆柱轴线弯曲。 相贯线简化画法的作图方法： 　以大圆柱的半径为半径，在小圆柱的轴线上找圆心，然后以大圆柱的半径为半径画弧。
（三）求相贯线的方法	
两曲面立体的相贯线是两曲面立体表面的共有线，相贯线上的点是两曲面立体的共有点。 　求作两曲面立体表面的相贯线时，应在可能方便的情况下，作出相贯线的一系列共有点并判别其可见性，再光滑连线即可。	

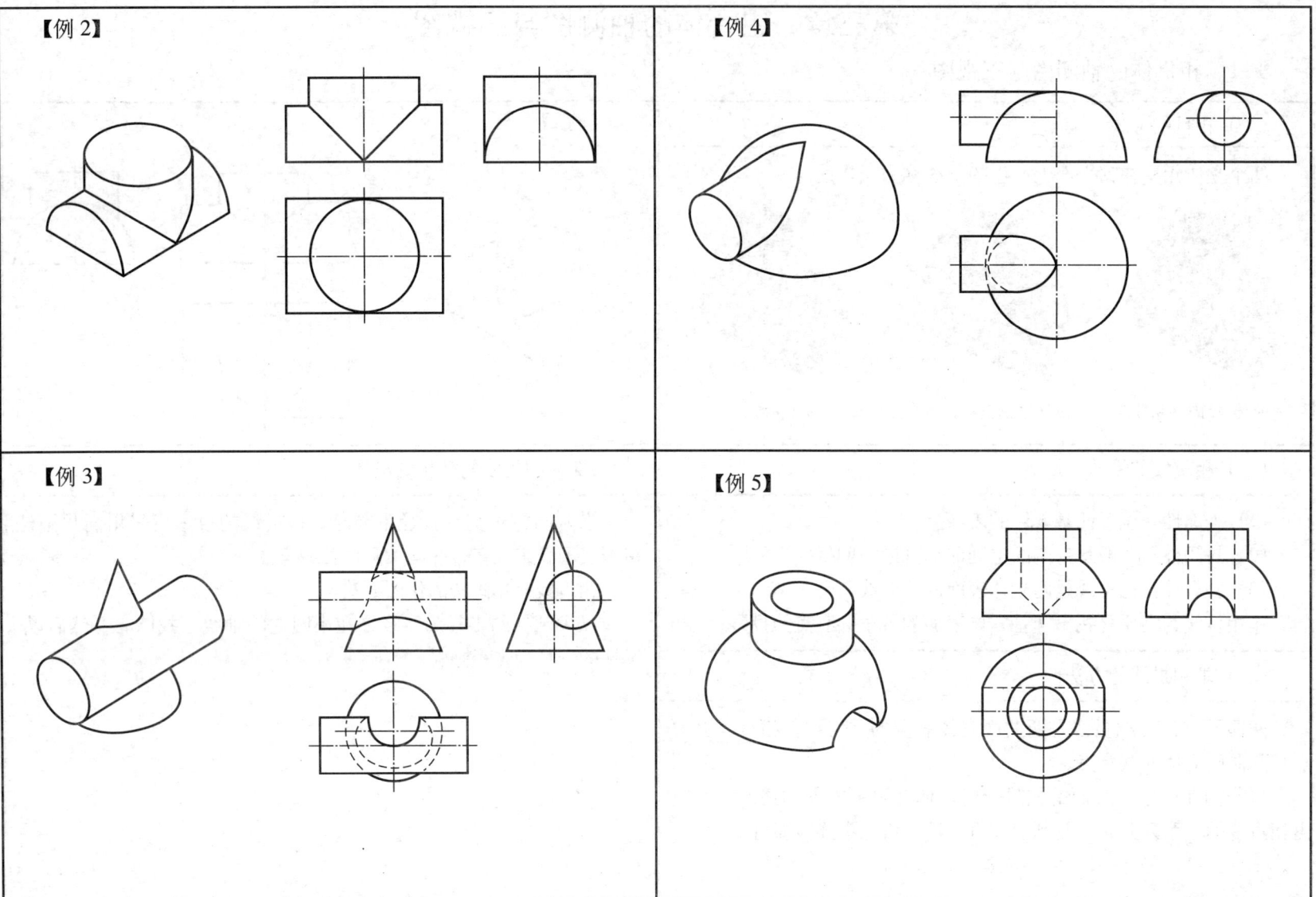

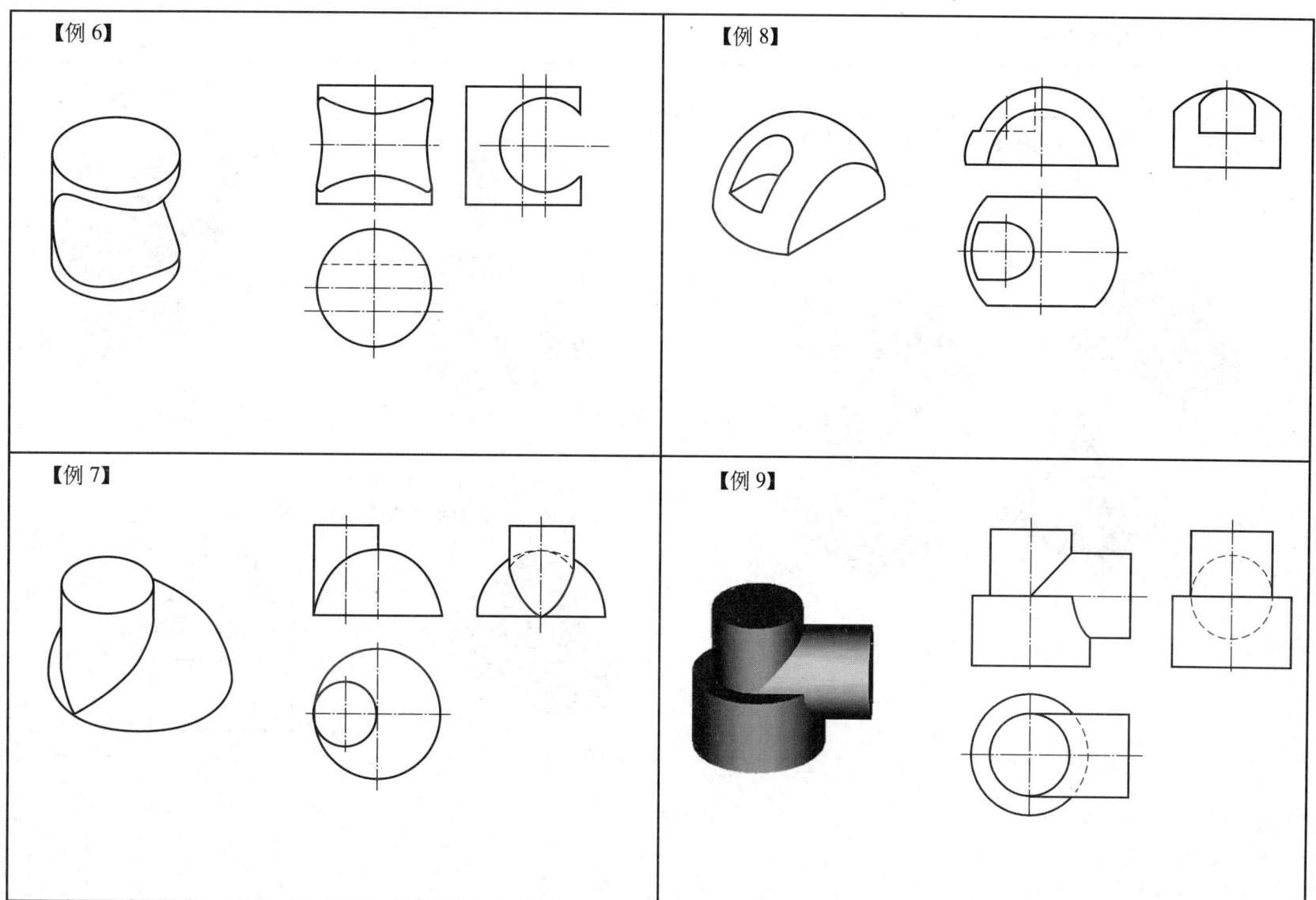

3-2 组合体的轴测图与三视图

(一) 组合体的组合形式及形体分析

组合体——由几个基本几何体组成的物体称为组合体。

1. 组合体的组合形式

(1) 叠加。

(2) 切割。

(3) 混合。

2. 几何形体间表面的连接关系

(1) 两形体表面平齐连成一个平面。

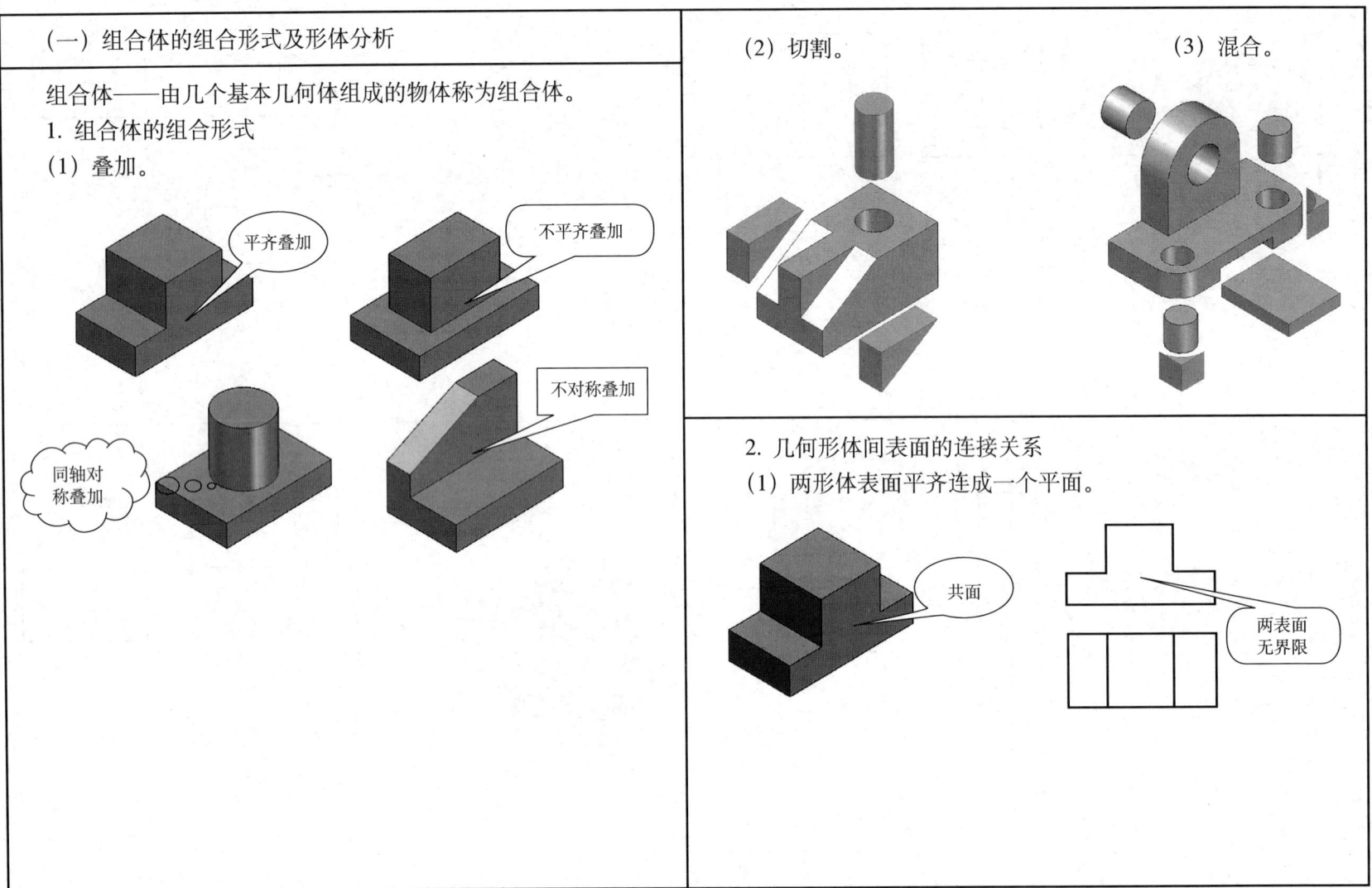

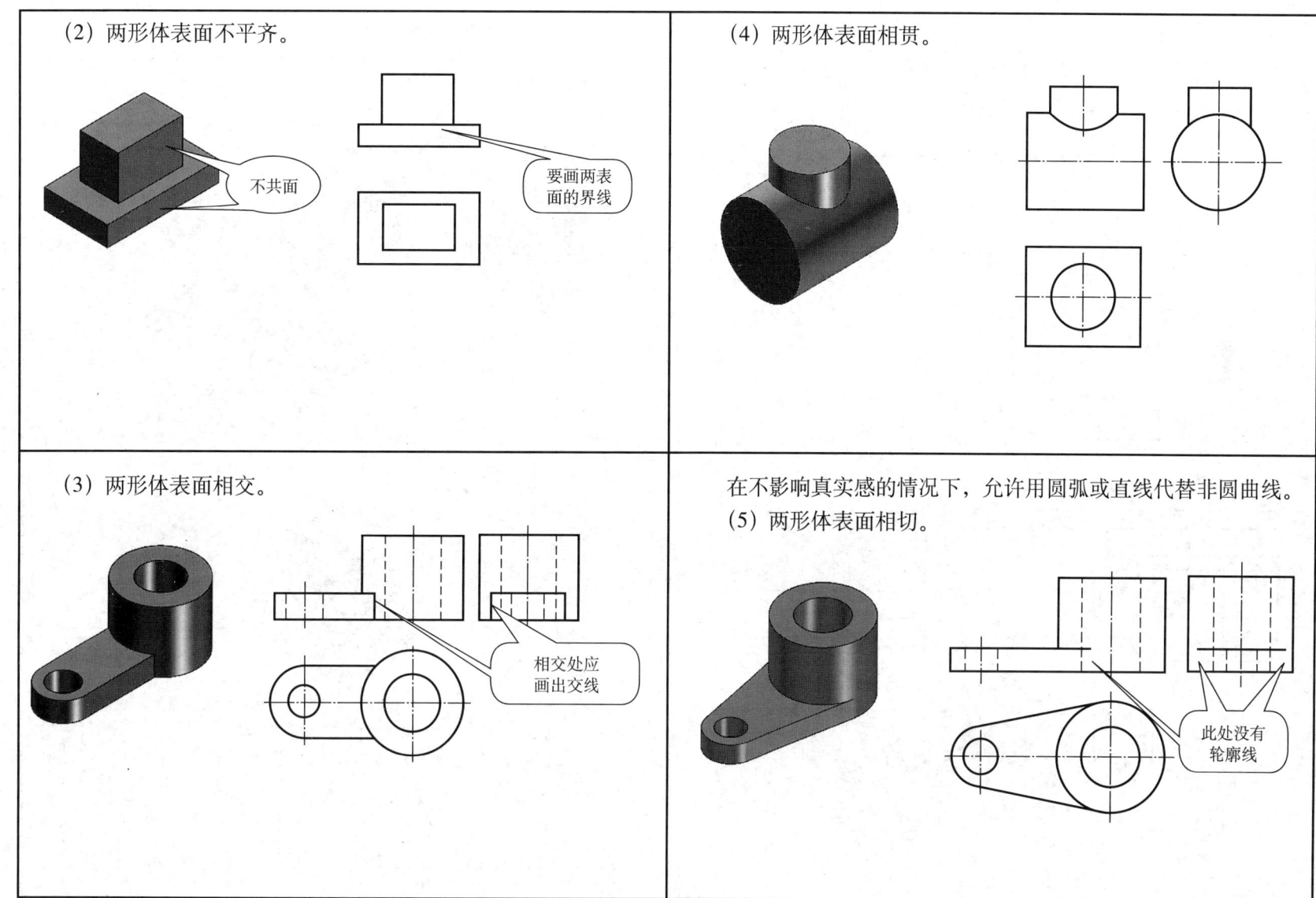

3. 组合体的形体分析法

形体分析法——假想把组合体分解为若干个简单的基本形体，并分析它们之间的相对位置及组合形式。

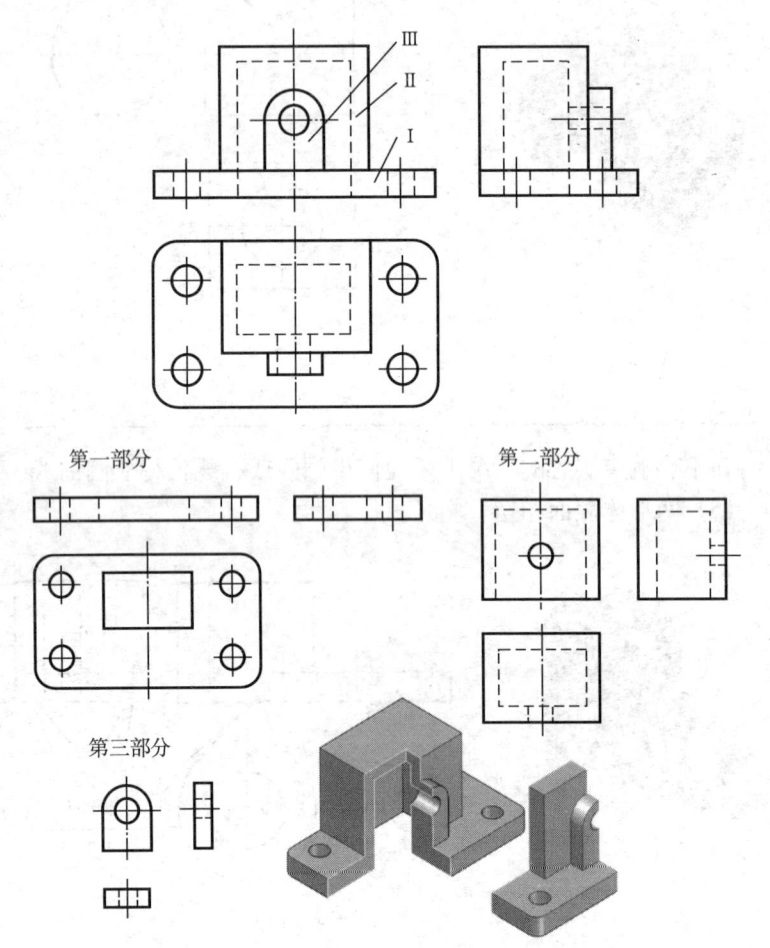

（二）组合体视图的画法

1. 形体分析

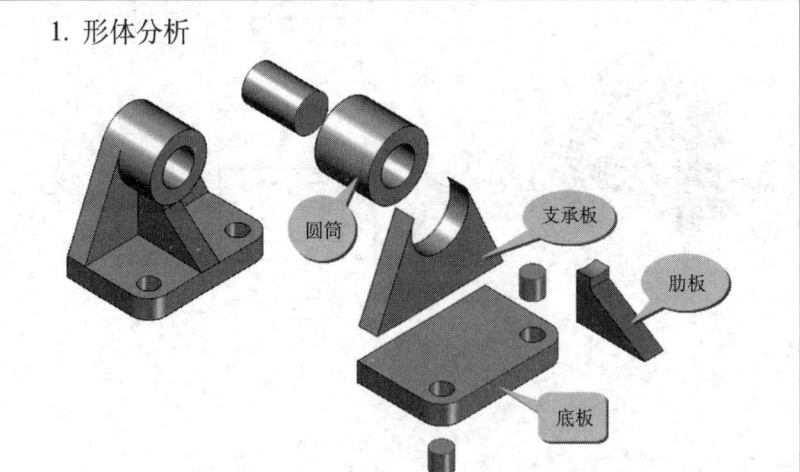

2. 选择主视图

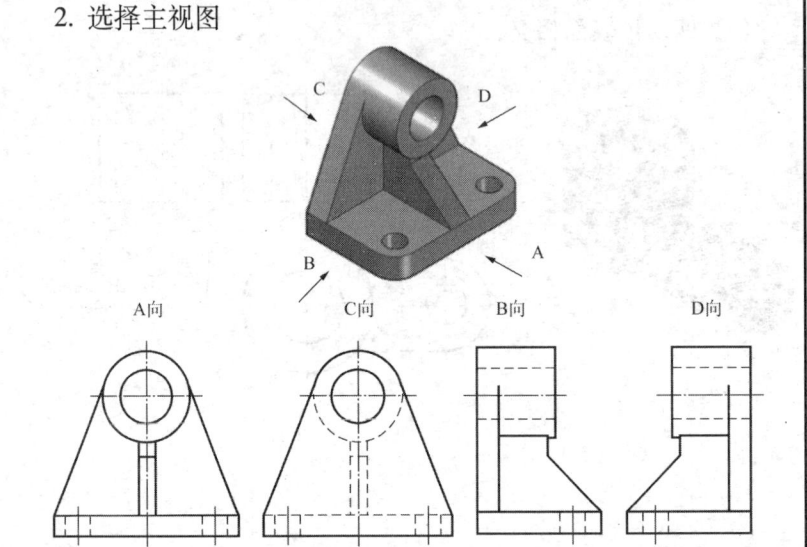

选择主视图的原则:
(1) 最能反映组合体的形体特征。
(2) 考虑组合体的正常位置,把组合体的主要平面或主要轴线放置呈平行或垂直位置。
(3) 在俯视图、左视图上尽量减少虚线。

3. 选择比例、布置视图

主视图选定以后,根据物体的大小和复杂程度,按标准规定选择绘图的比例和图纸的幅面。

4. 画图步骤

(1) 布置视图。将各视图均匀地布置在图幅内,并画出对称中心线、轴线和定位线。

(2) 画底稿。画图顺序按照形体分析,先画主要形体,后画细节;先画可见的图线,后画不可见的图线。将各视图配合起来画,要正确绘制各形体之间的相对位置;要注意各形体之间表面的连接关系。

(3) 检查、描深。

① 画组合体轴测图。

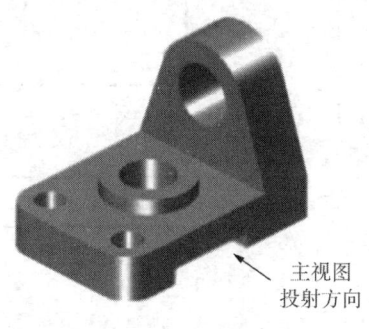

主视图投射方向

② 画图步骤。

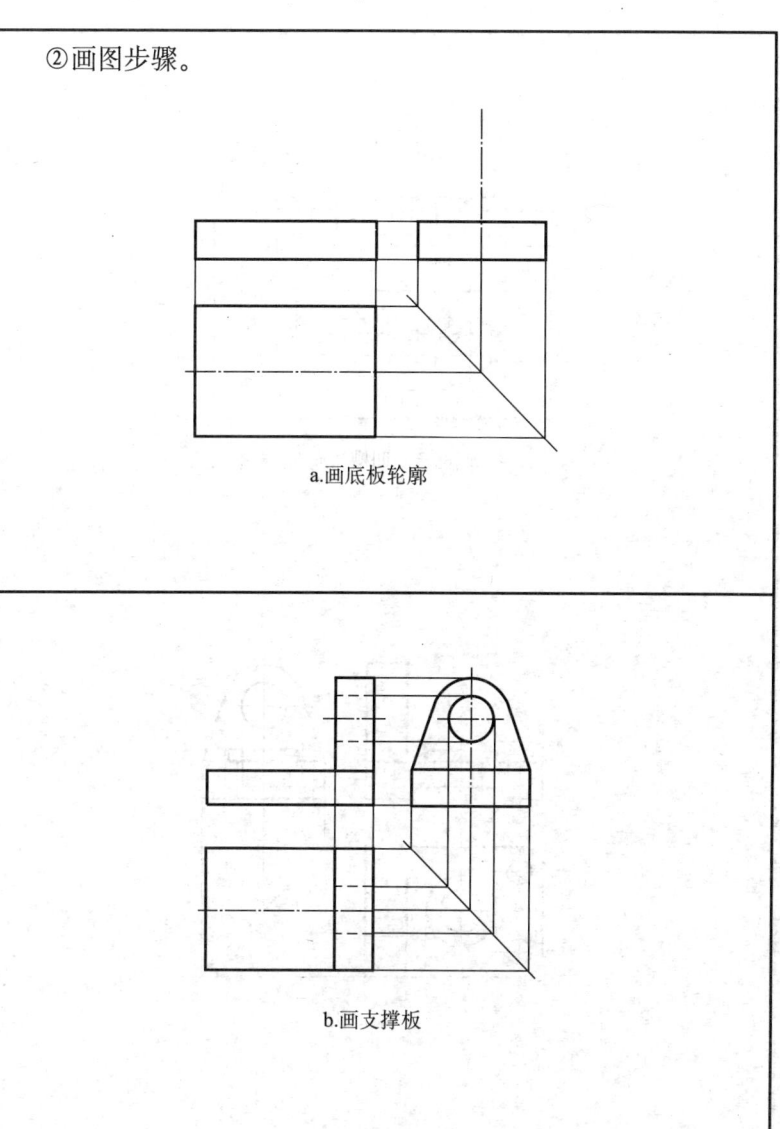

a. 画底板轮廓

b. 画支撑板

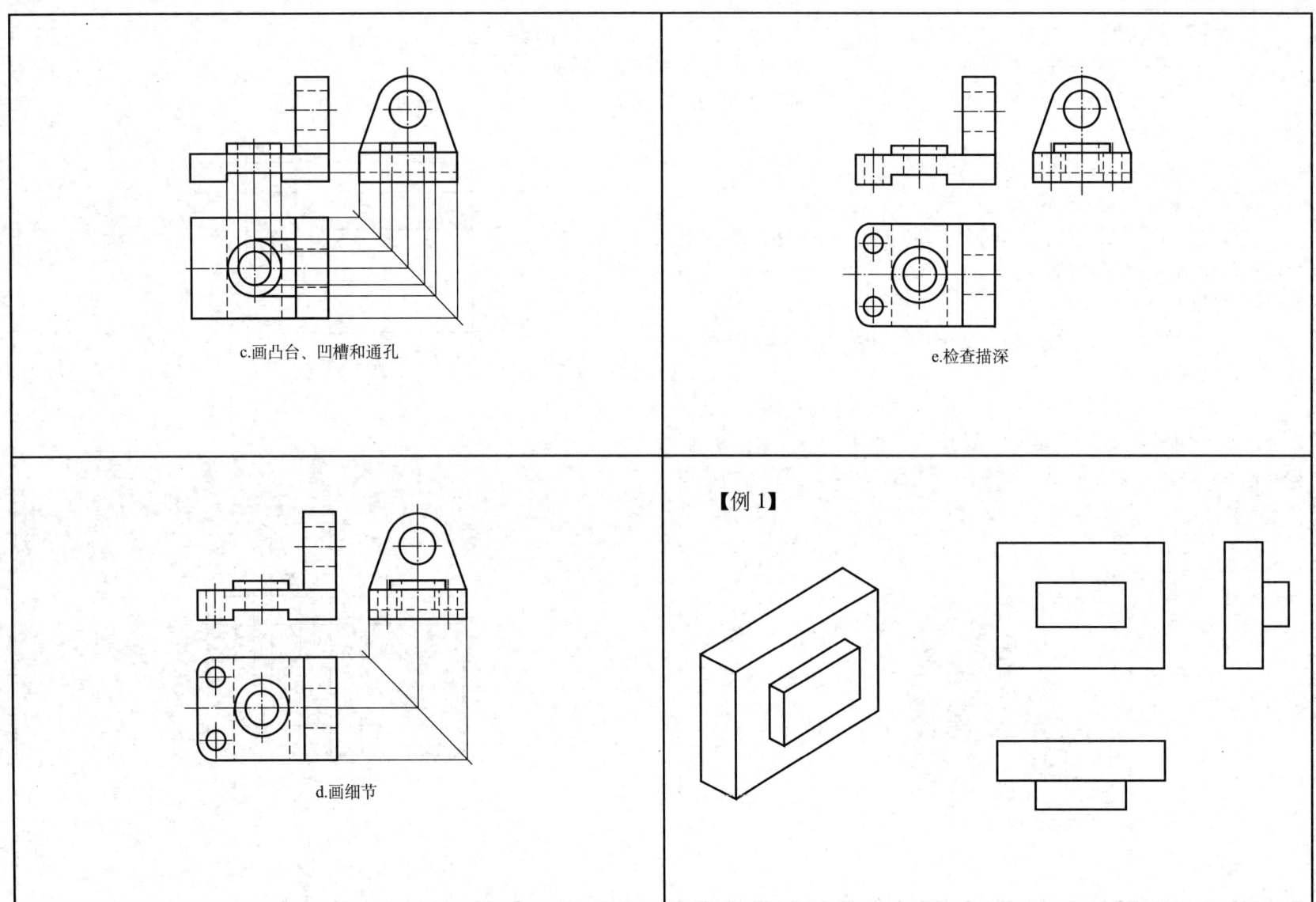

c.画凸台、凹槽和通孔

e.检查描深

d.画细节

【例1】

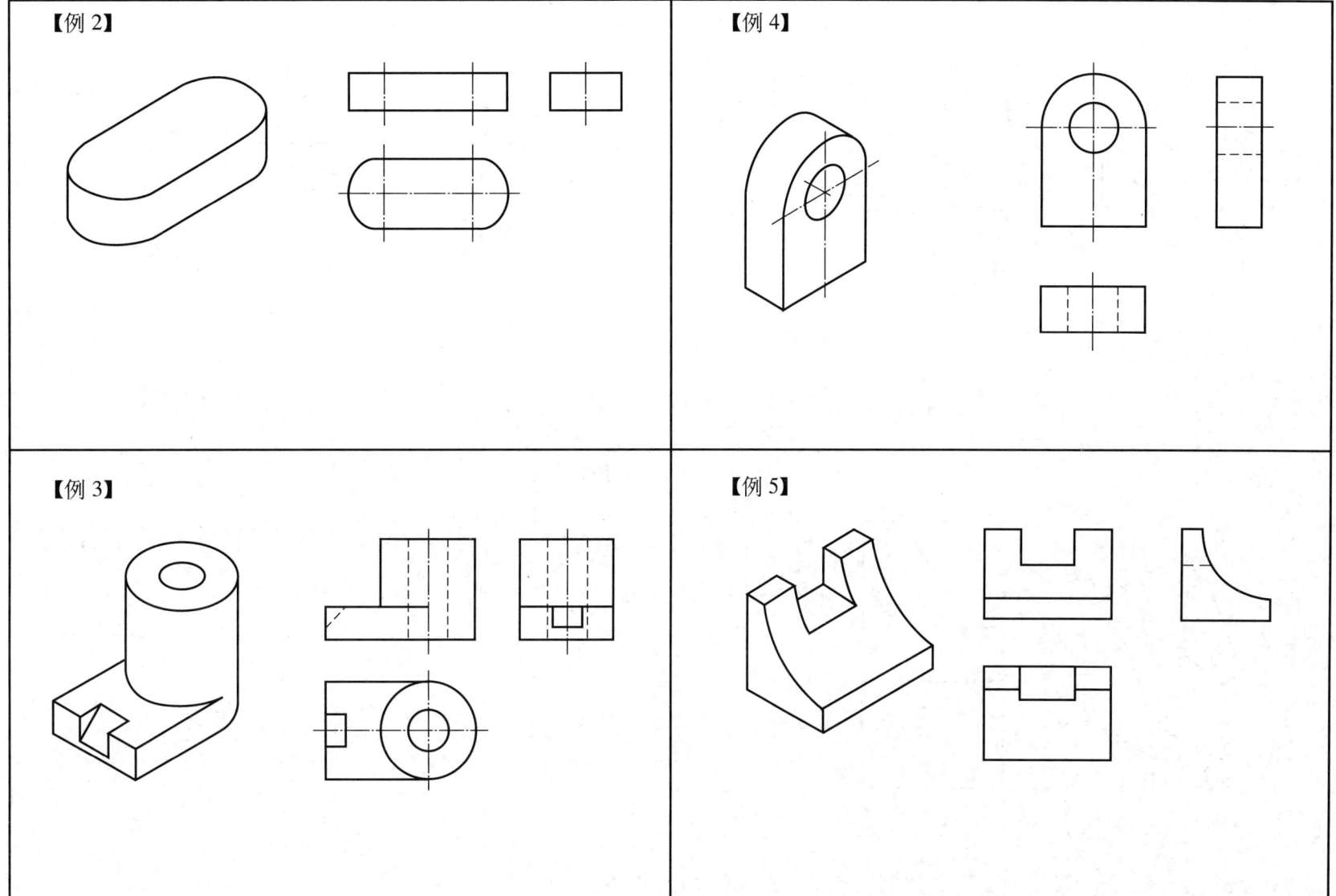

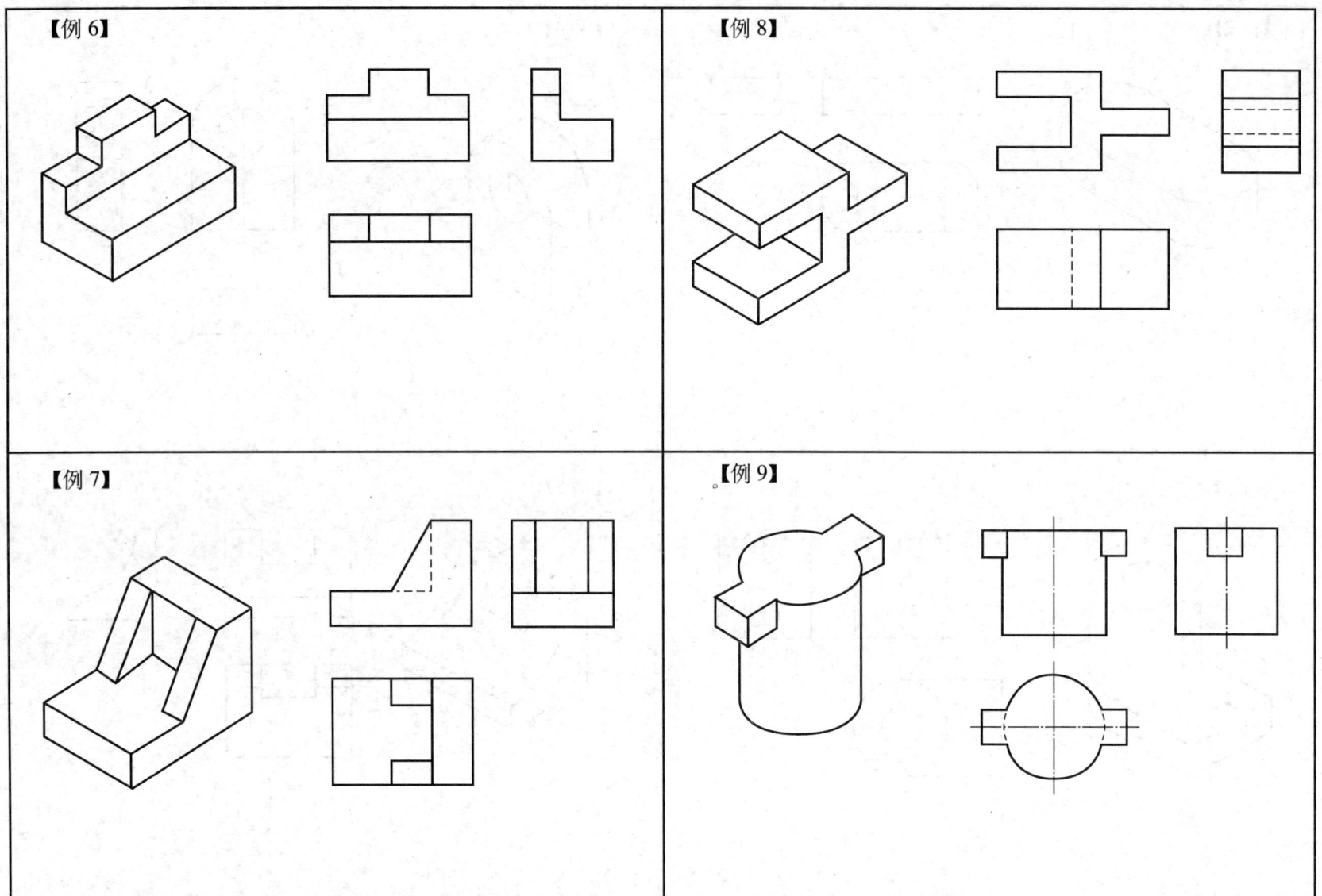

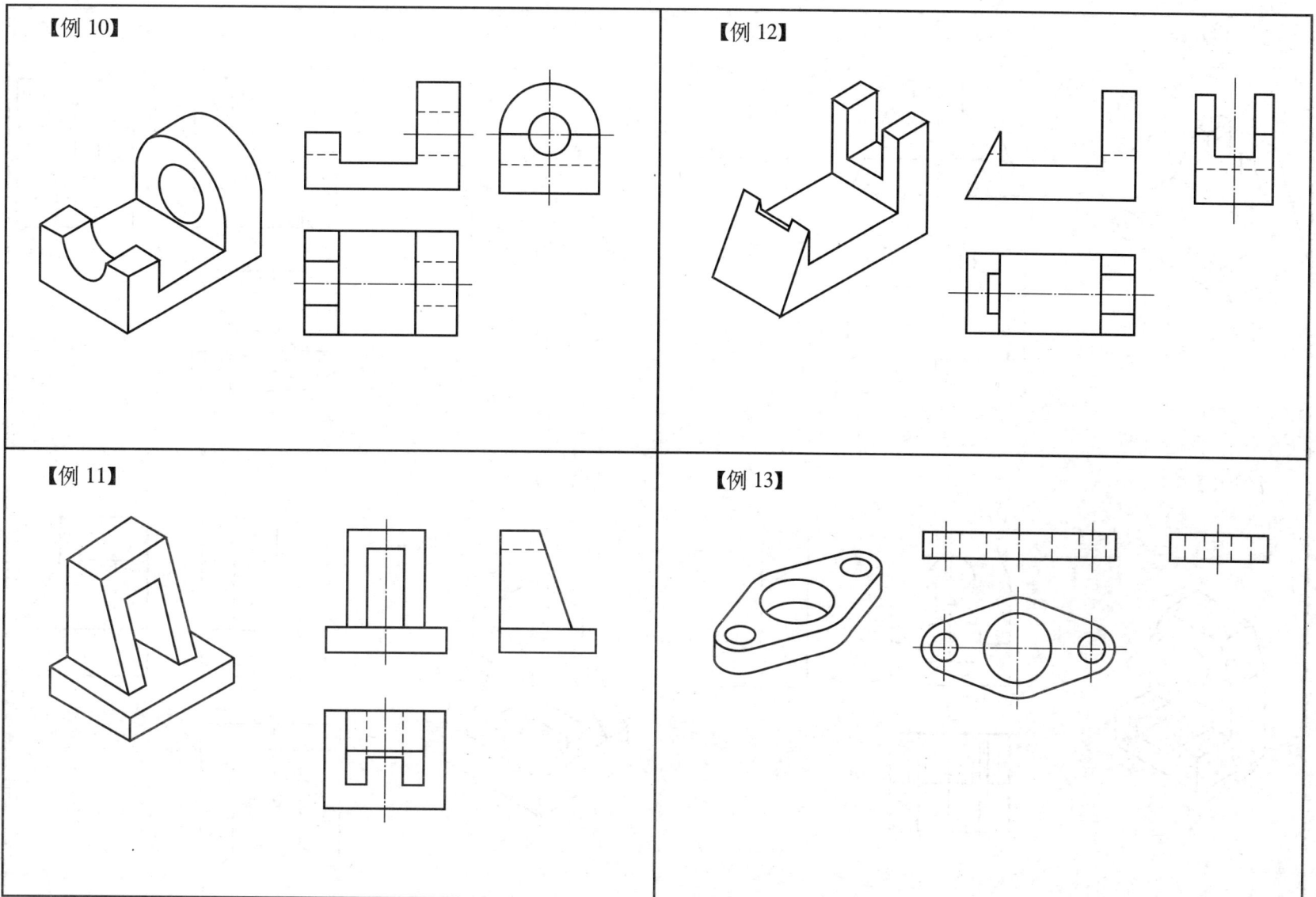

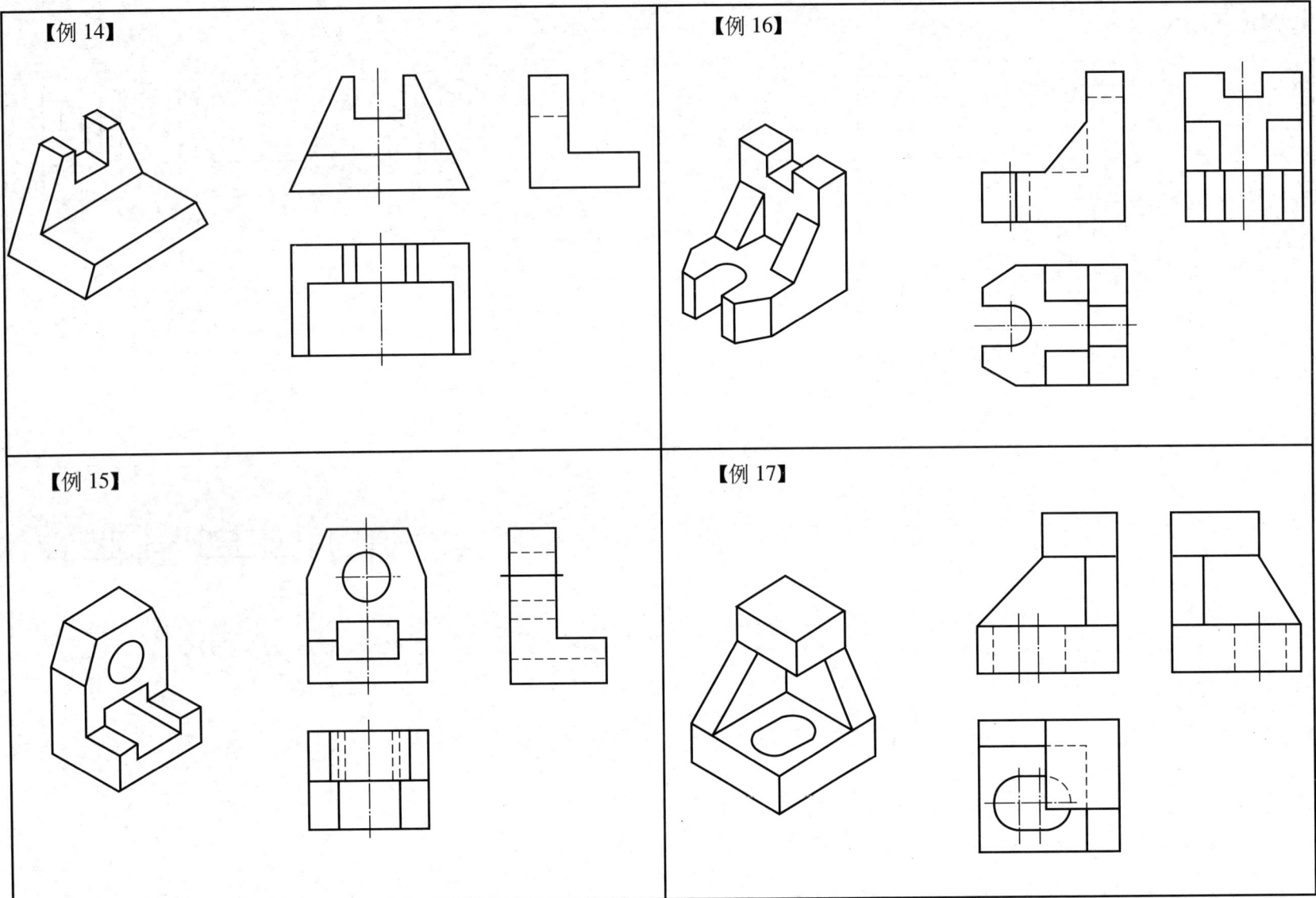

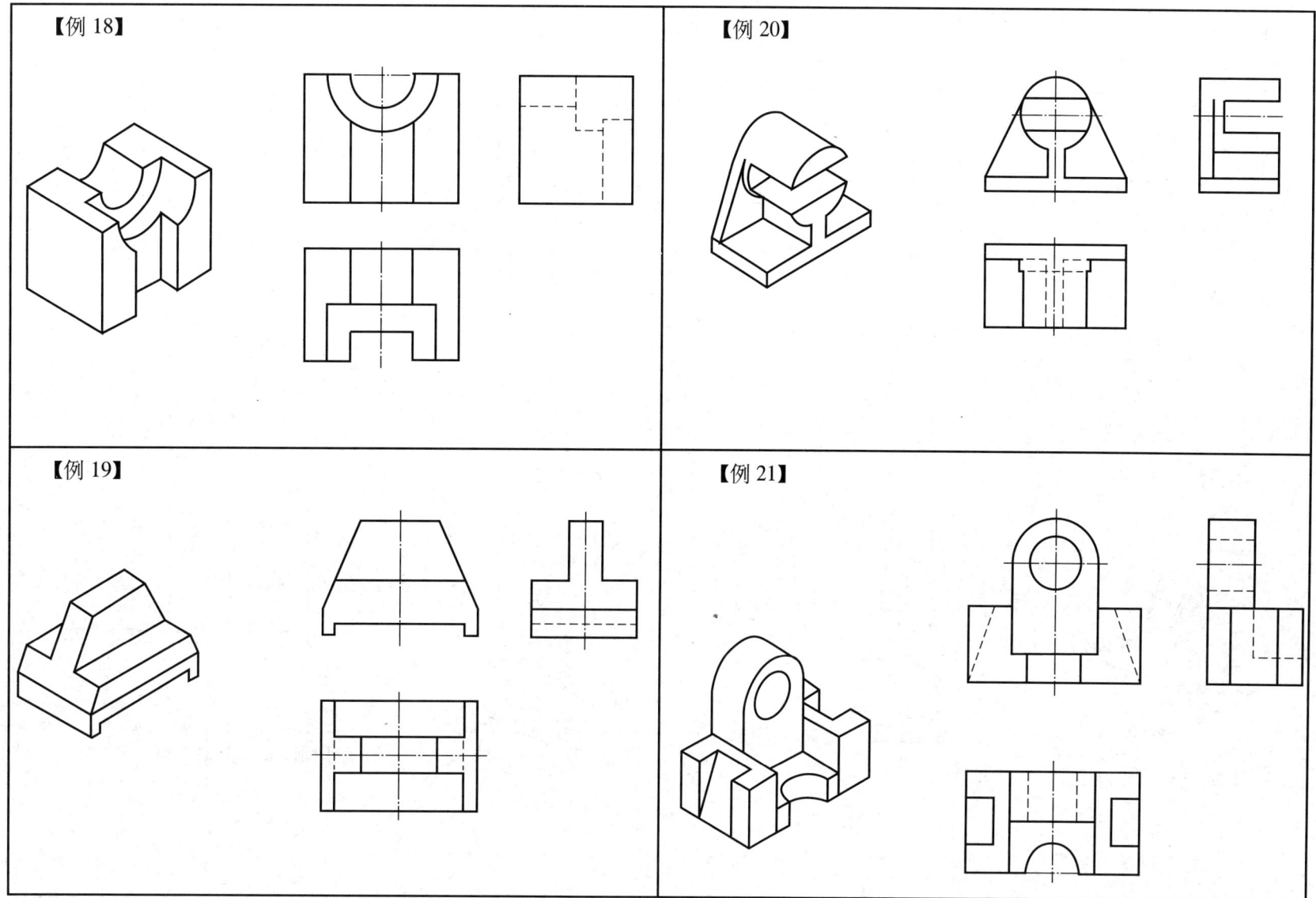

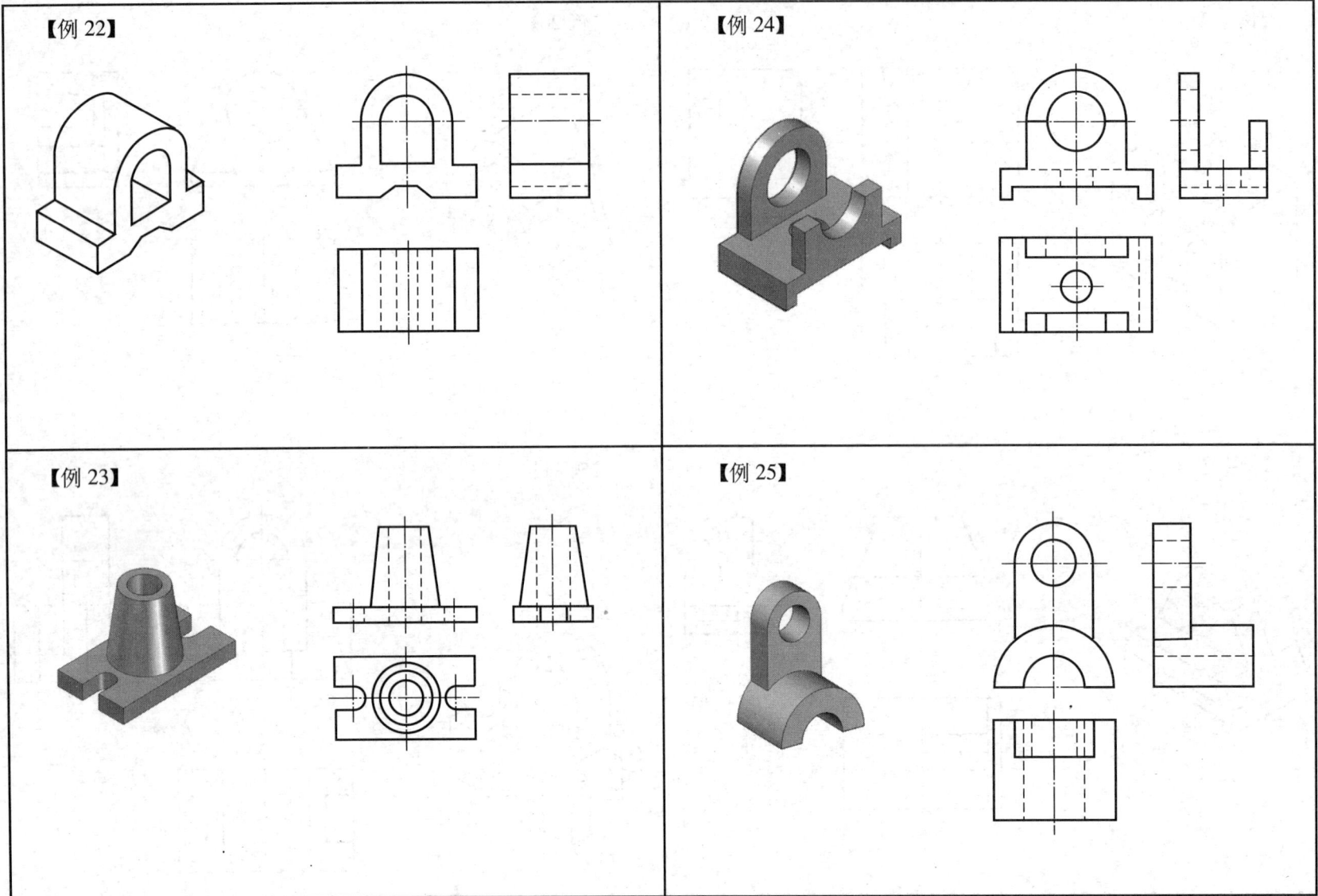

第四章 尺寸标注

4-1 基本体的尺寸标注

（一）标注尺寸的基本要求

(1) 正确——尺寸标注要符合国家标准。
(2) 完整——尺寸必须注写齐全，既不遗漏，也不重复。
(3) 清晰——标注尺寸的位置要恰当，尽量注写在最明显的地方。
(4) 合理——所注尺寸应符合设计、制造和装配等工艺要求。

（二）标注尺寸的基本规则

(1) 尺寸数值为零件的真实大小，与绘图比例及绘图准确度无关。
(2) 图样中的尺寸以"mm"为单位，如采用其他单位，必须注明单位名称。
(3) 图中所注尺寸为零件完工后尺寸。

组合体的视图只能表达立体的形状，而立体的真实大小要由视图上标注的尺寸数值来确定。

（一）平面立体轴测图与三视图的尺寸标注

1. 棱柱体轴测图与三视图的尺寸标注

(1) 四棱柱轴测图与三视图的尺寸标注。

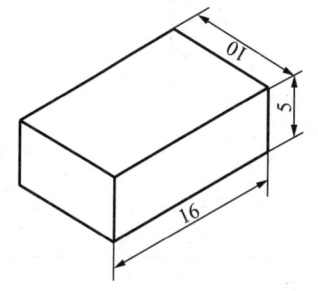 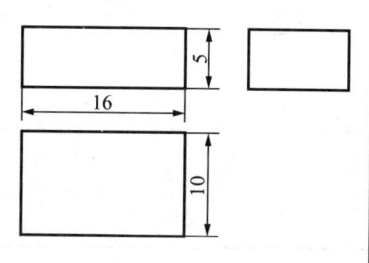

(2) 三棱柱轴测图与三视图的尺寸标注。
①

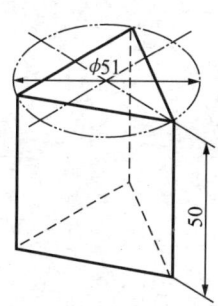 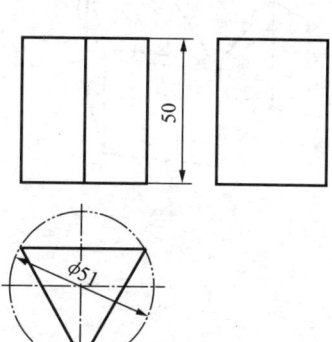

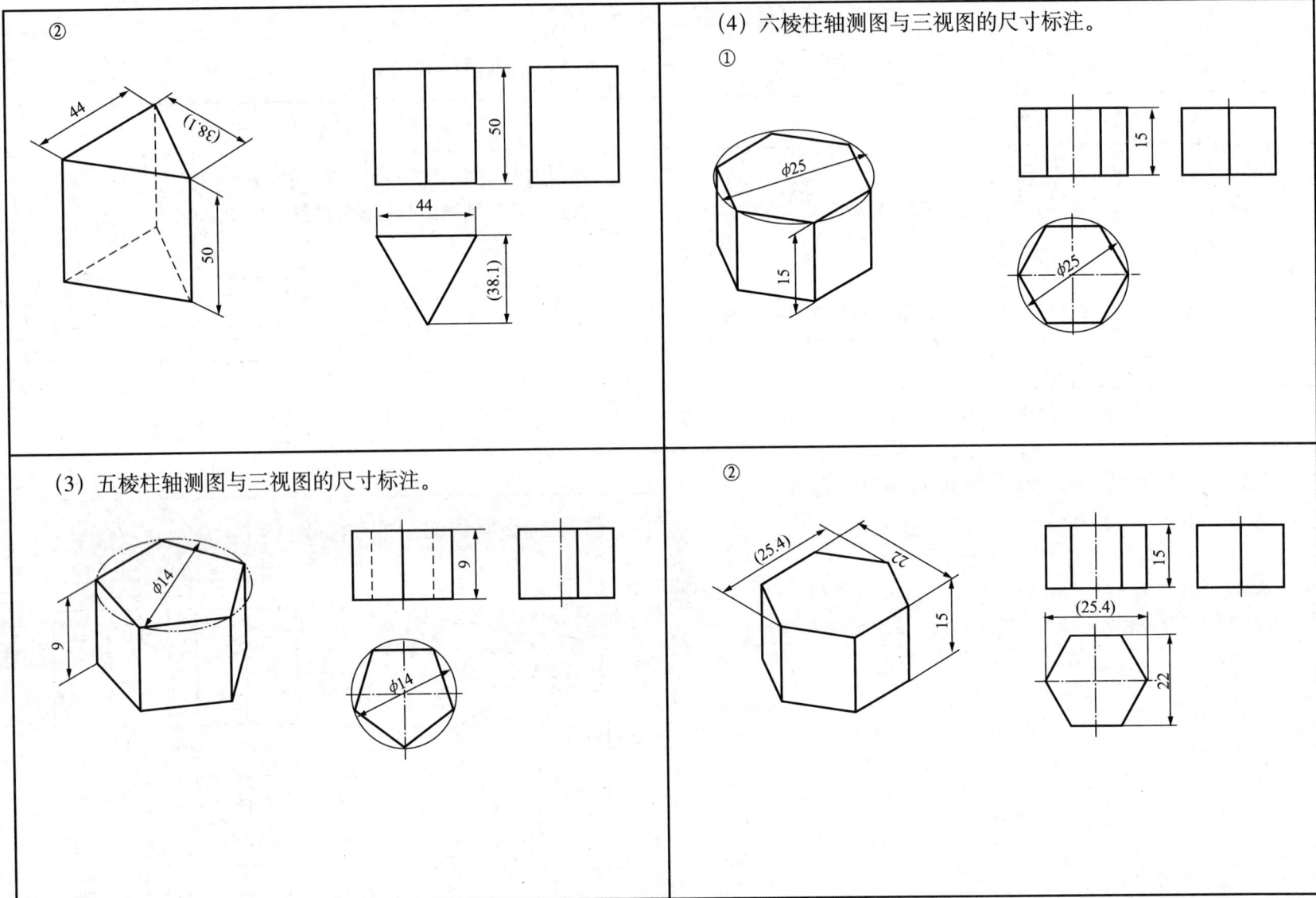

2. 棱锥体轴测图与三视图的尺寸标注

（1）三棱锥轴测图与三视图的尺寸标注。

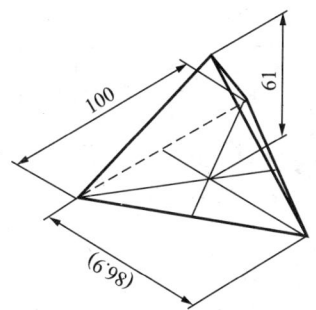 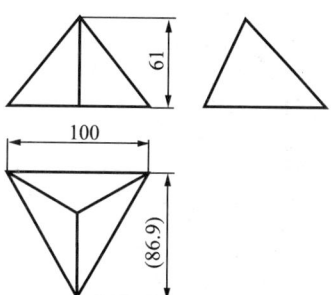 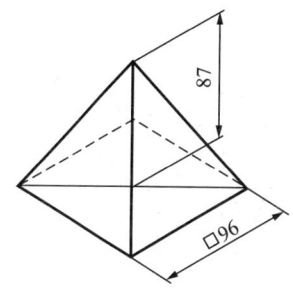 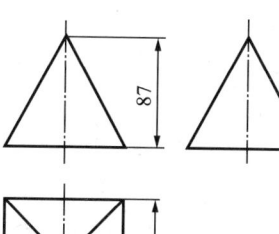 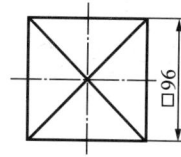

（2）四棱锥轴测图与三视图的尺寸标注。

①

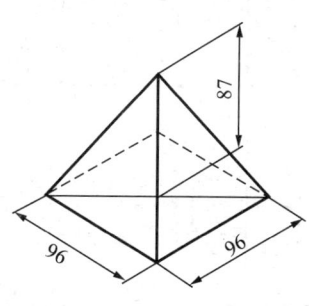 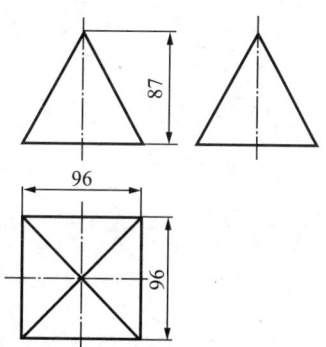

（3）五棱锥轴测图与三视图的尺寸标注。

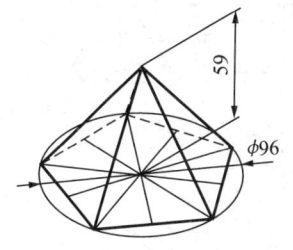 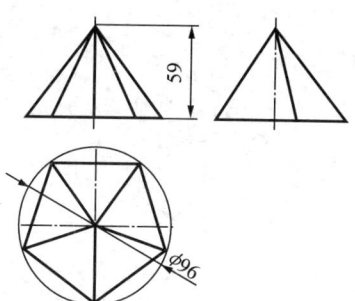

(4) 六棱锥轴测图与三视图的尺寸标注。

①

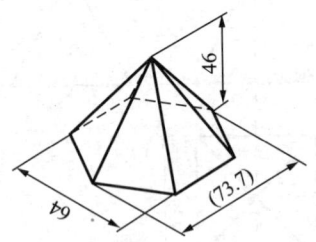
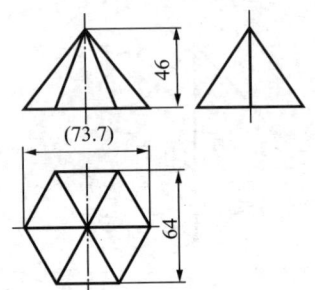

②

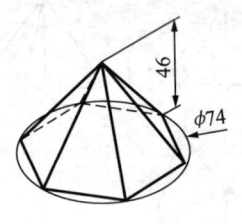
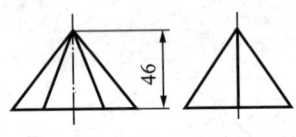
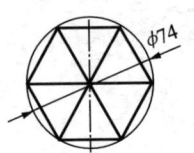

(二) 曲面立体轴测图与三视图的尺寸标注

1. 圆柱体轴测图与三视图的尺寸标注

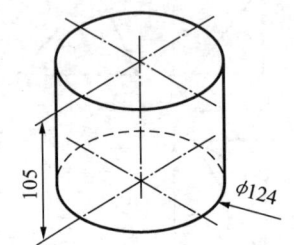
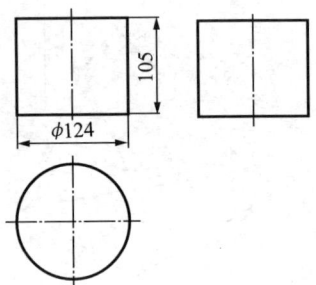

2. 圆锥体轴测图与三视图的尺寸标注

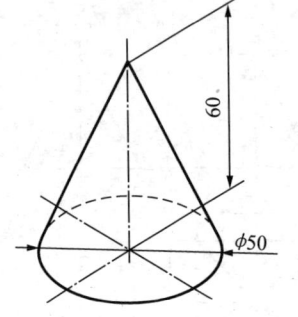
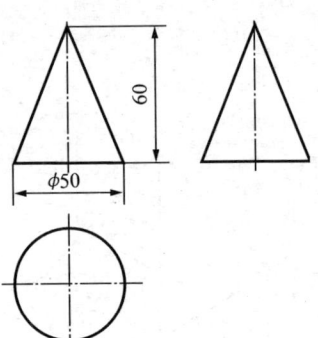

注意：圆柱、圆锥底圆直径尺寸加注尺寸符号 ϕ，一般注在非圆视图上。

3. 圆球轴测图与三视图的尺寸标注

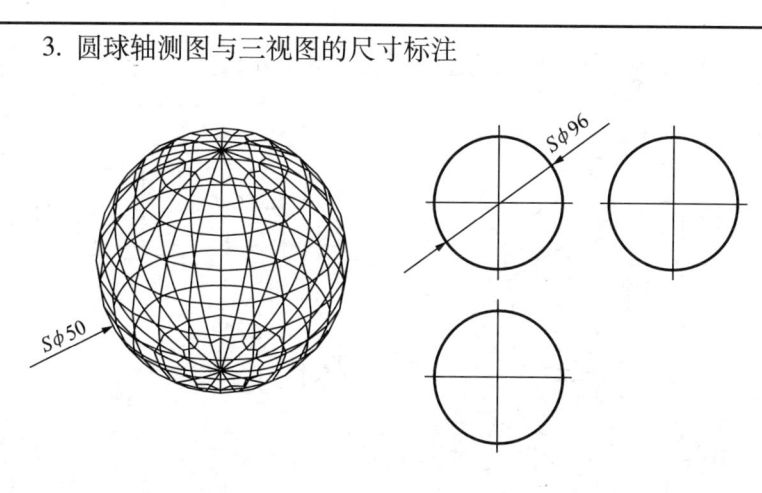

4-2 切割体的尺寸标注

标注尺寸的步骤：

(1) 标注出原来整体时的尺寸。

(2) 标注切口部分的尺寸。

注意：不应标注截交线的大小尺寸，截交线上的尺寸应标注截平面的位置尺寸。

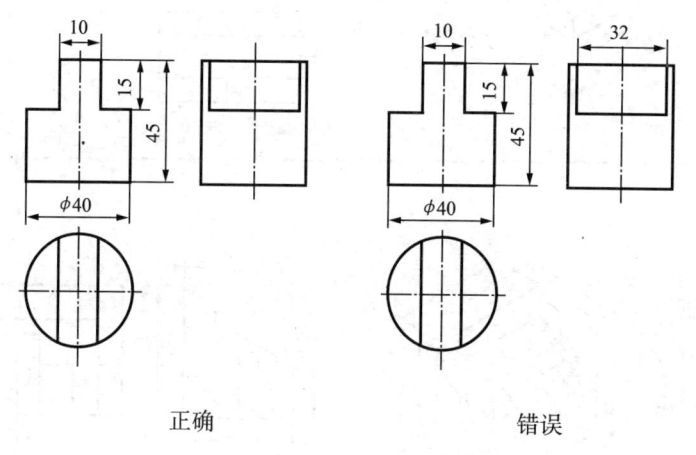

正确　　　　　　　错误

(一) 平面切割体的轴测图与三视图的尺寸标注

1. 棱柱切割体轴测图与三视图的尺寸标注
(1) 四棱柱切割体轴测图与三视图的尺寸标注。
①

(2) 五棱柱切割体轴测图与三视图的尺寸标注。

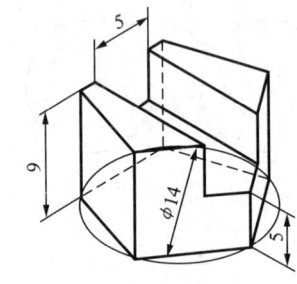
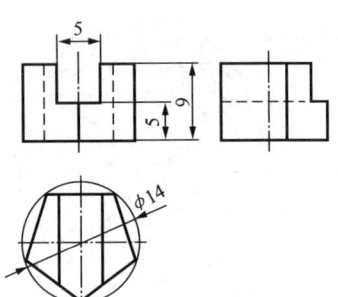

②
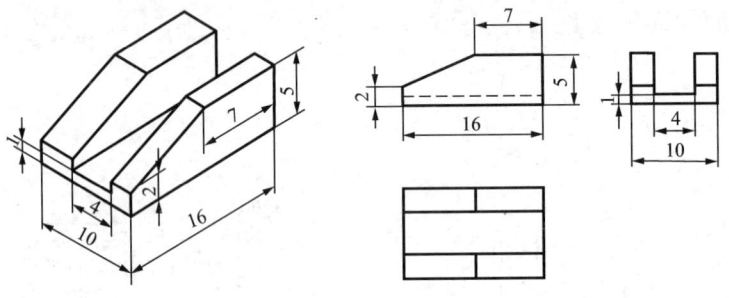

(3) 六棱柱切割体轴测图与三视图的尺寸标注。
①
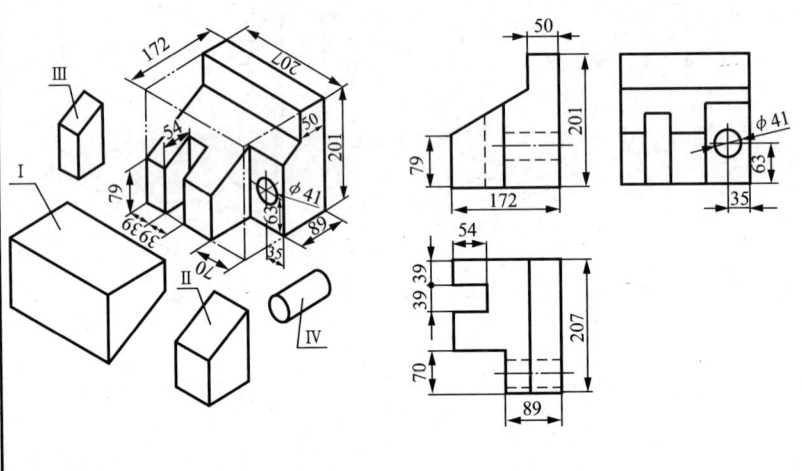
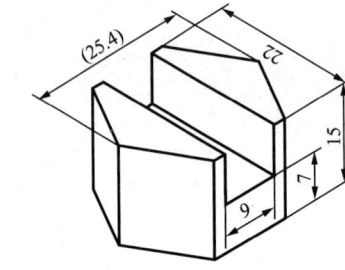
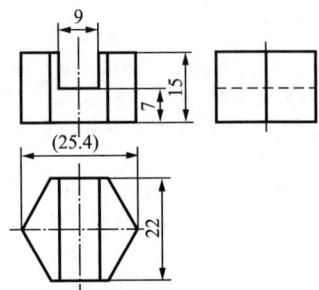

②

2. 棱锥体轴测图与三视图的尺寸标注
（1）四棱锥切割体轴测图与三视图的尺寸标注。
①

②

（2）五棱锥切割体轴测图与三视图的尺寸标注。
①

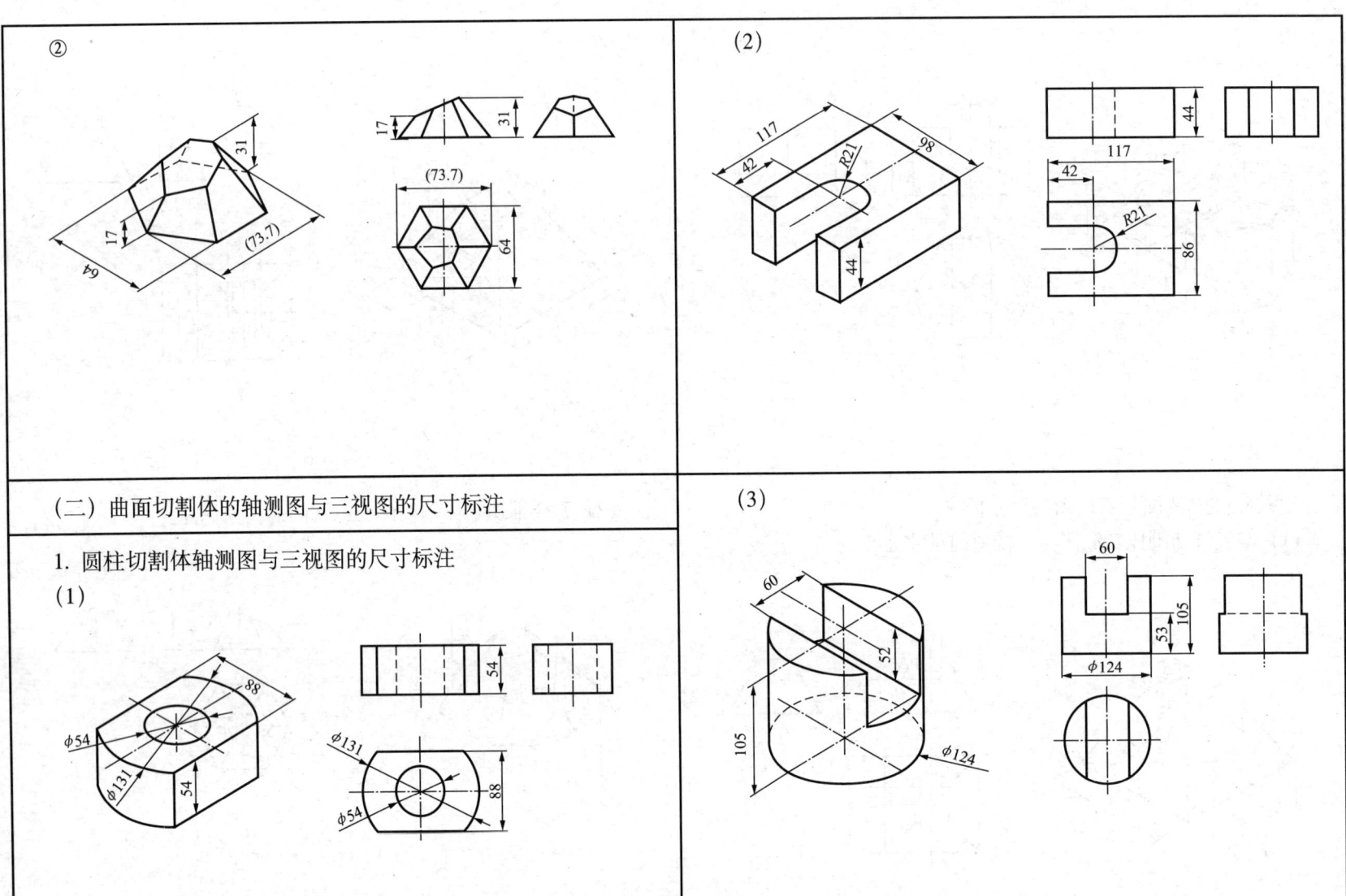

(二) 曲面切割体的轴测图与三视图的尺寸标注

1. 圆柱切割体轴测图与三视图的尺寸标注

(4)

2. 圆锥切割体轴测图与三视图的尺寸标注

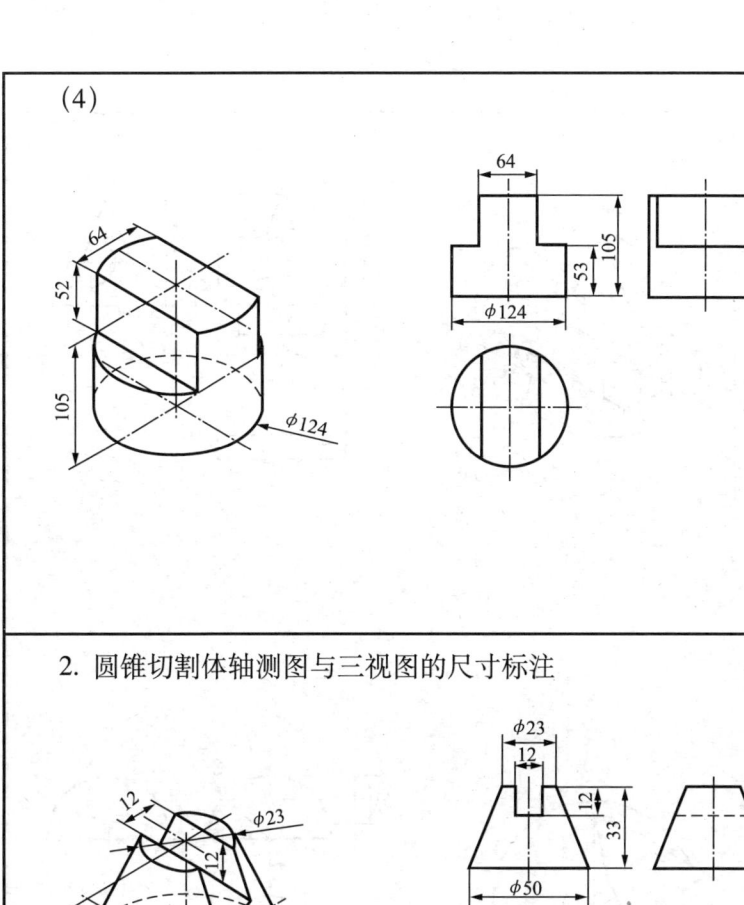

3. 圆球切割体轴测图与三视图的尺寸标注

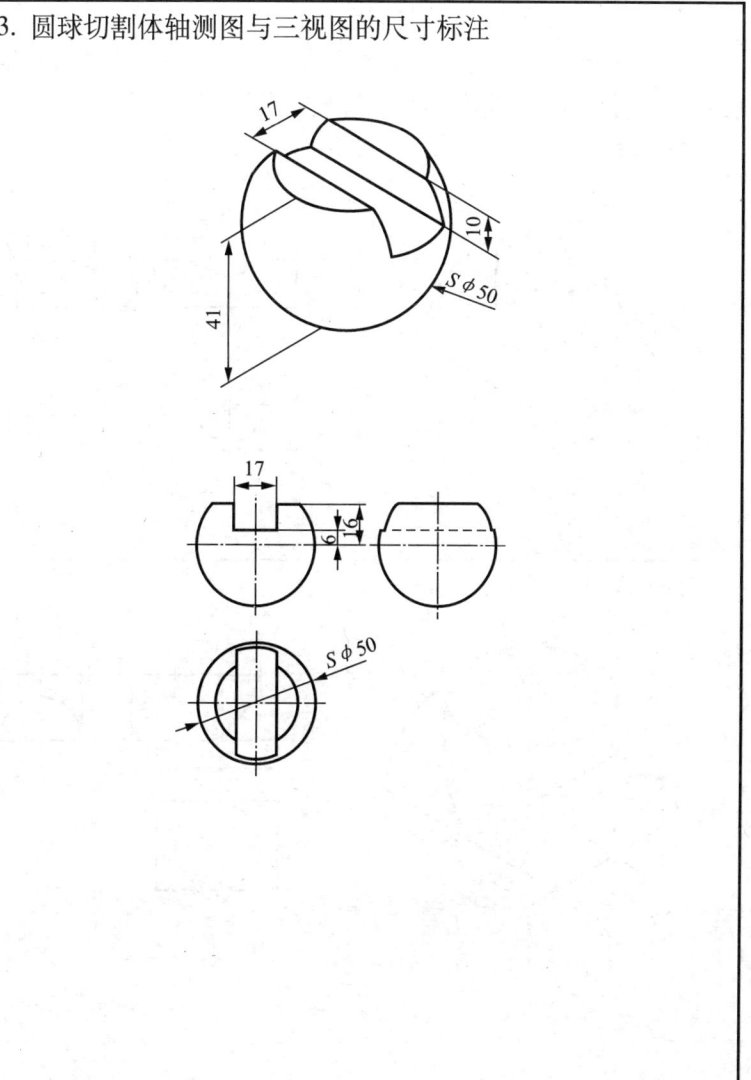

4-3 相贯体的尺寸标注

相贯体除了注出相贯两基本形体的尺寸外，还应注出两相贯体的相对位置尺寸，但相贯线上不直接标注尺寸。

【例1】

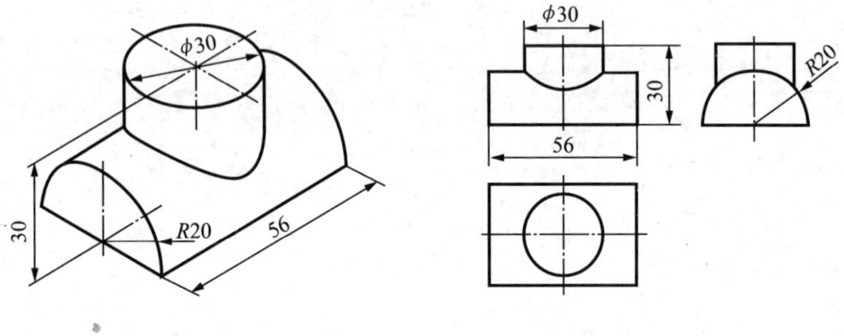

【例2】

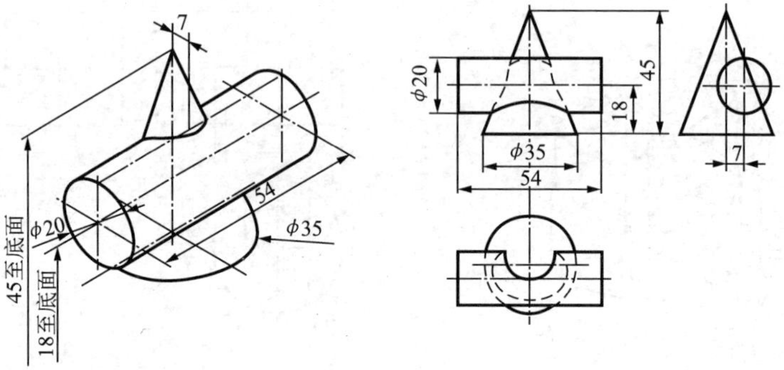

【例3】

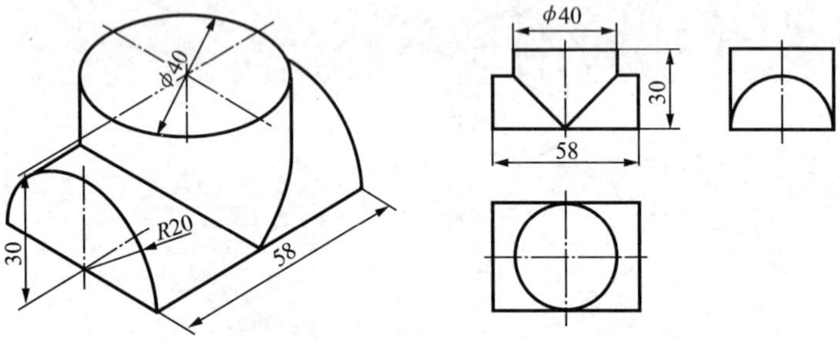

【例4】

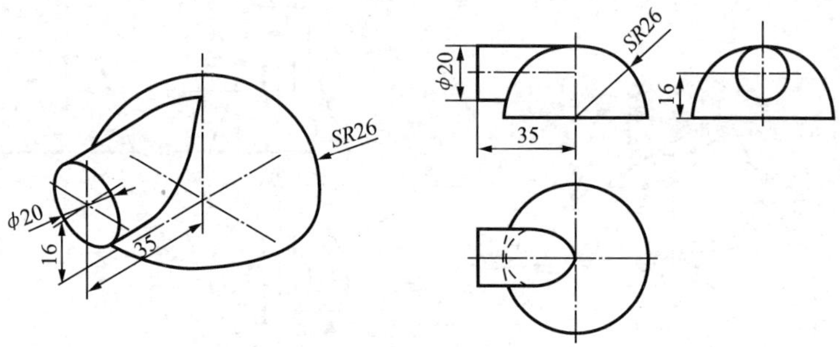

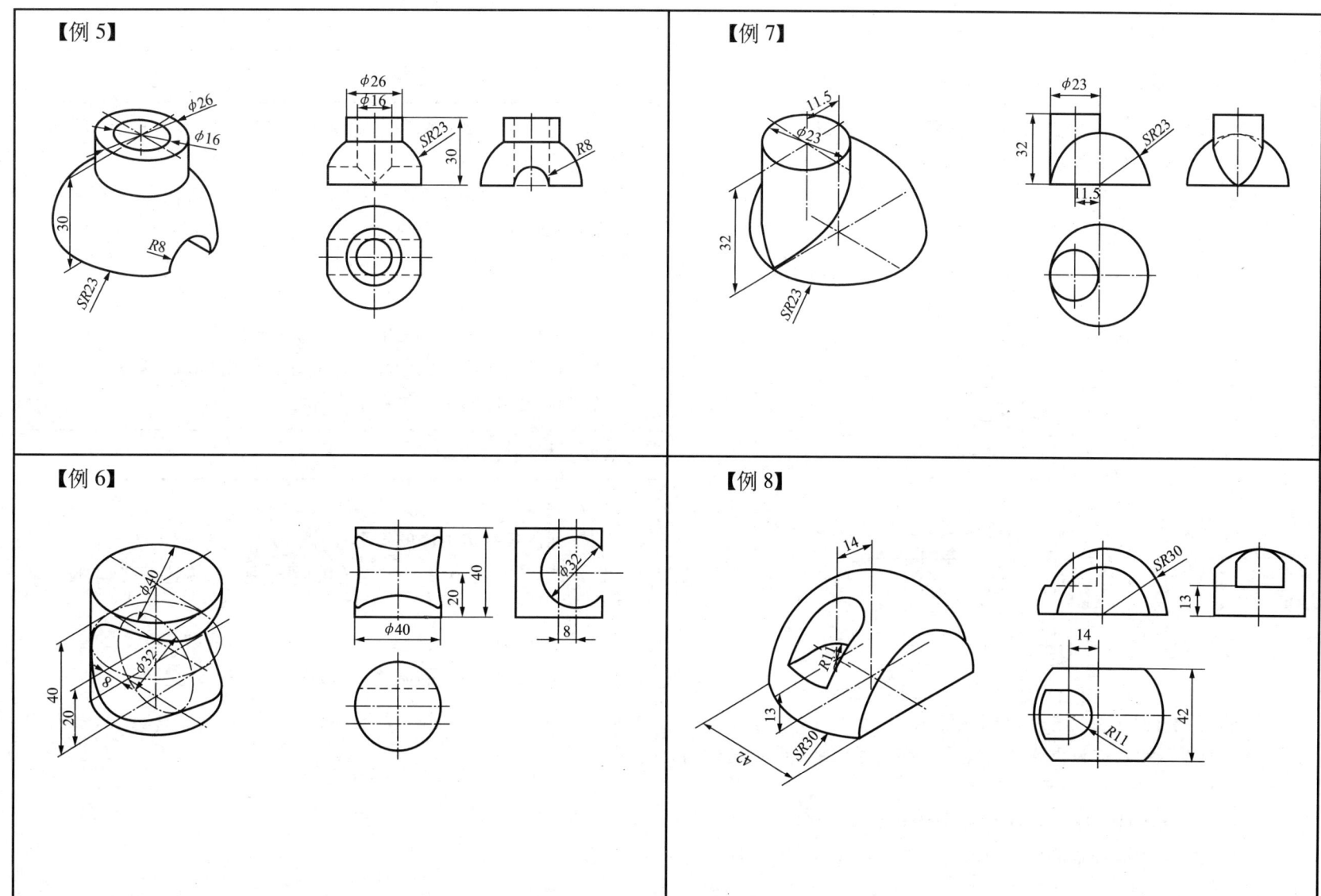

4-4 组合体的尺寸标注

（一）组合体的尺寸种类
定形尺寸——确定各基本形体的形状和大小的尺寸。 定位尺寸——确定各基本形体间的相对位置的尺寸。 总体尺寸——组合体的总长、总宽、总高尺寸。
（二）组合体的尺寸基准
1. 尺寸基准——标注或度量尺寸的起点。 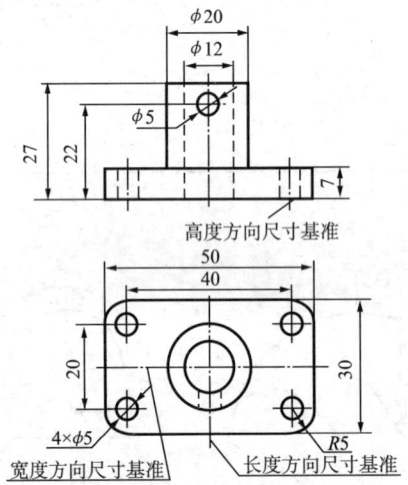 2. 选择尺寸基准和标注尺寸时应注意： （1）通常以组合体较重要的端面、底面、对称平面和回转体的轴线为基准。 （2）回转体一般以确定其轴线的位置为基准。 （3）以对称平面为基准标注对称尺寸时，不应从对称平面往两边标注。

（三）组合体尺寸的布置
（1）应将多数尺寸标注在视图外，与两视图有关的尺寸尽量布置在两视图之间。 （2）尺寸应布置在反映形状特征最明显的视图上，半径尺寸应标注在反映圆弧实形的视图上。 （3）尽量不在虚线上标注尺寸。 （4）尺寸线与尺寸线或尺寸界线不能相交，相互平行的尺寸应按"大尺寸在外，小尺寸在里"的方法布置。 （5）同轴回转体的直径尺寸，最好标注在非圆的视图上。 （6）同一形体的尺寸尽量集中标注。
（四）标注尺寸的步骤
（1）形体分析。 （2）标注各基本形体的定形尺寸。 （3）选择长、宽、高三个方向的尺寸基准，标注各形体的定位尺寸。 （4）标注总体尺寸。 （5）对尺寸做适当的调整，检查是否正确、完整等。

4-5 综合举例

（五）注意事项

（1）标注尺寸时要避免尺寸线封闭，产生重复尺寸。

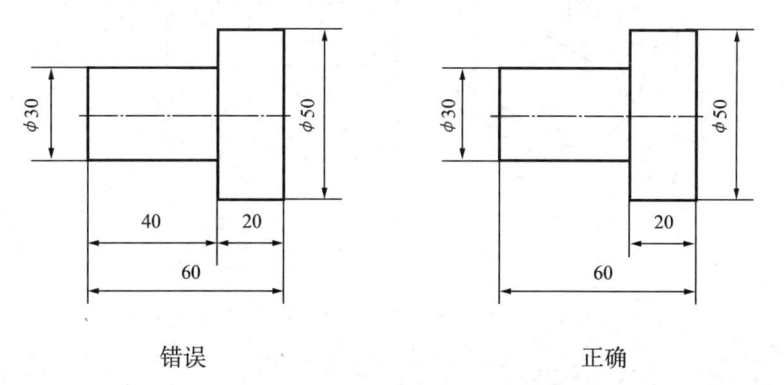

错误　　　　　　　　　正确

（2）当组合体底板的端部与底板上的圆柱孔是同轴线的圆柱面时，常常注出圆柱孔轴线的定位尺寸和外端圆柱面的半径，而不标注总长的尺寸。

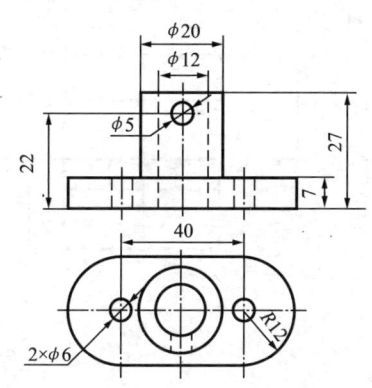

【例1】

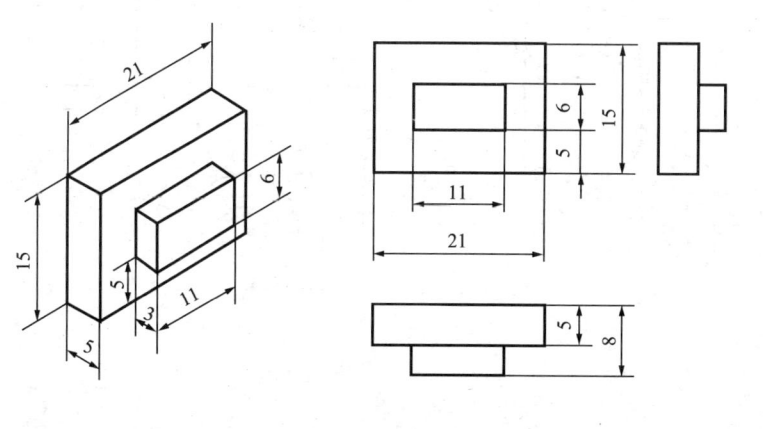

【例2】

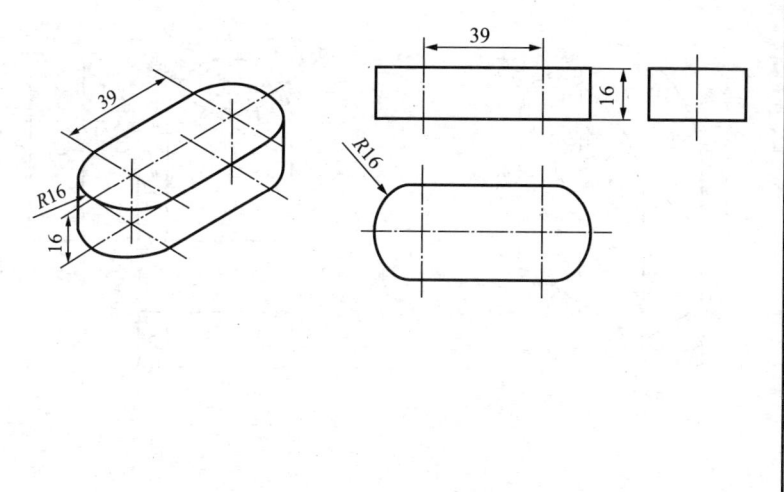

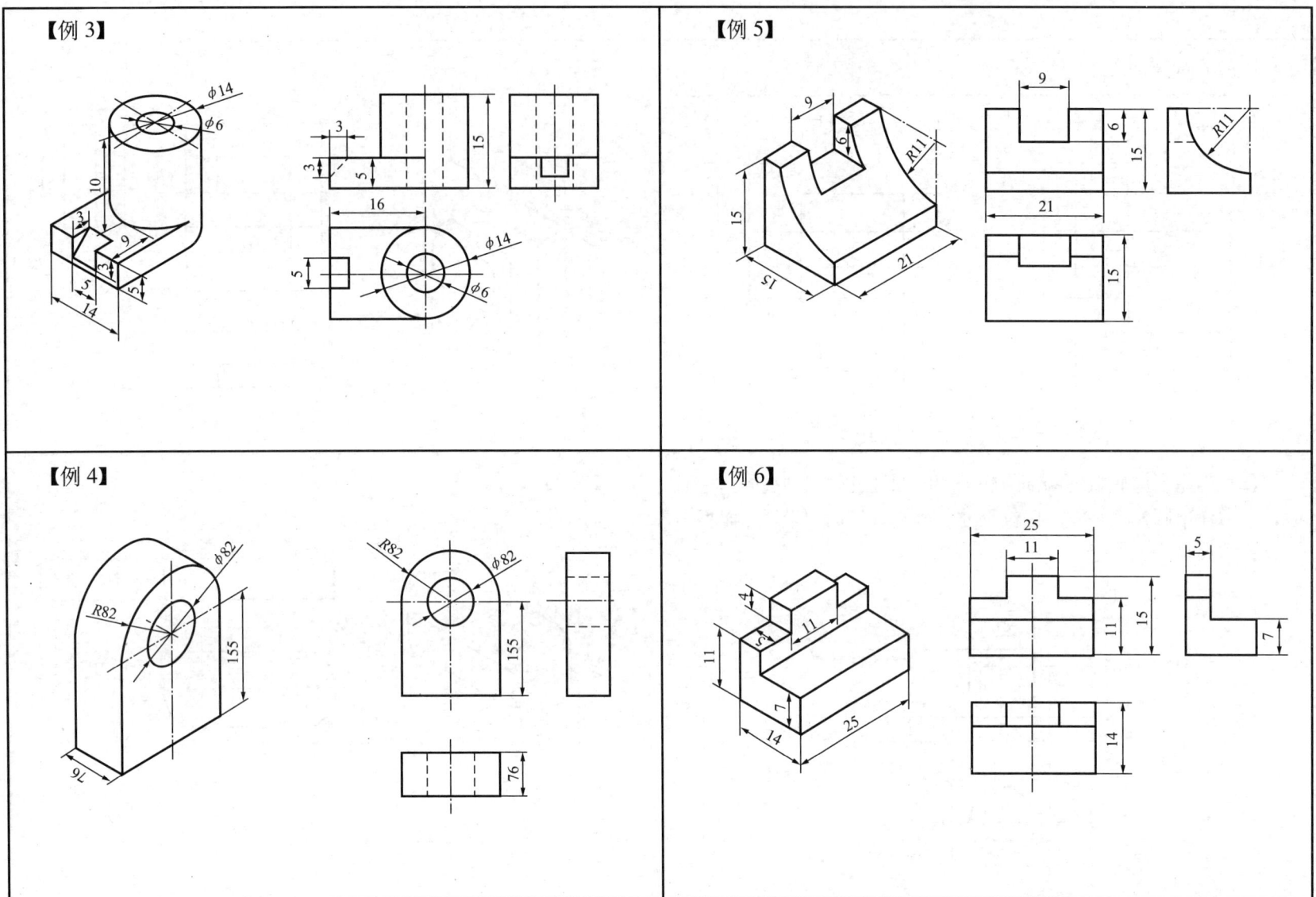

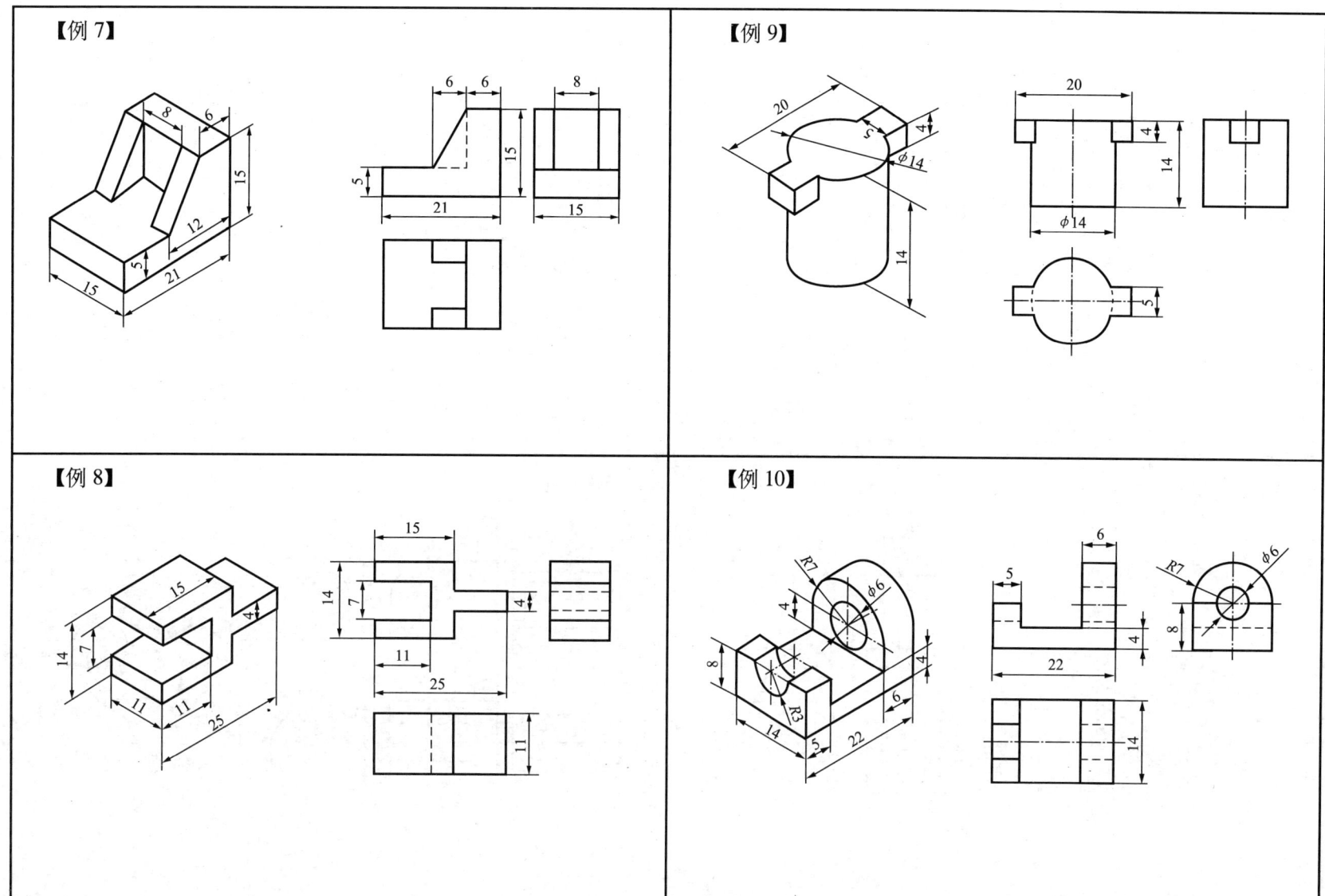

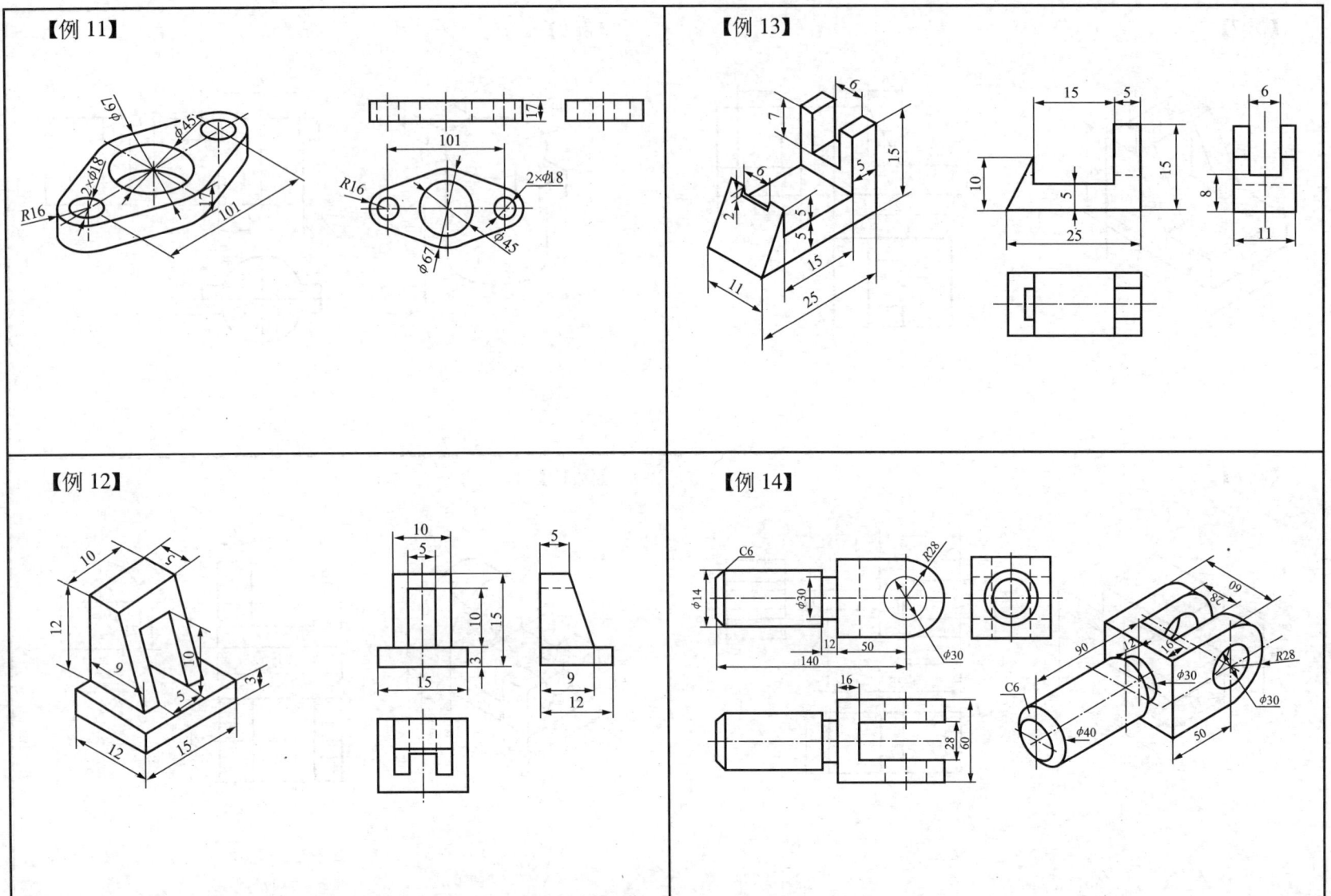

第五章 技术要求

5-1 表面粗糙度

(一) 表面粗糙度的概念

表面粗糙度是指零件的加工表面上具有的较小间距和峰谷所形成的微观几何形状误差。

(二) 表面粗糙度的参数

(1) 轮廓算术平均偏差 Ra。
(2) 微观不平度十点高度 Rz。
(3) 轮廓最大高度 Ry。
(4) 优先选用轮廓算术平均偏差 Ra'。

(三) 表面粗糙度的代号 (符号) 及其标注

表面粗糙度符号是由规定的符号和有关的参数值组成。
表面粗糙度符号的画法：

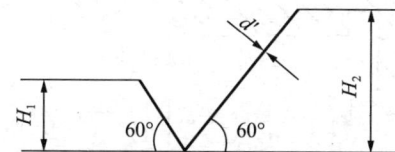

$d'=0.1h$，$H_1=1.4h$，$H_2=2.1h$，h 为零件图中字体的高度。

	表面粗糙度代号	
符号	意义及说明	表面粗糙度数值注写位置
∨	基本符号，表示表面可用任何方法获得，当不加注粗糙度参数值或有关说明时，仅适用于简化代号标注	a_1、a_2——粗糙度高度参数代号及其数值（μm）； b——加工要求、镀覆、表面处理或其他说明等； c——取样长度（mm）或波纹度（μm）； d——加工纹理方向符号； e——加工余量（mm）； f——粗糙度间距参数值（mm）或轮廓支承长度率
▽	基本符号加一短划，表示表面是用去除材料的方法获得，如车、铣、磨、剪切、抛光、腐蚀、电火花加工、气割等	
▽ (with circle)	基本符号加一小圆，表示表面是用不去除材料方法获得，如铸、锻、冲压变形、热轧、冷轧、粉末冶金等，或者是用于保持原供应状况的表面	
	在上述三个符号的长边上均可加一横线，用于标注有关参数和说明	
	在上述三个符号上均可加一小圆，表示所有表面具有相同的表面粗糙度要求	

（四）表面粗糙度参数

表面粗糙度参数的单位是"μm"。

注写 Ra 时，只写数值；注写 Rz、Ry 时，应同时注写 Rz、Ry 和数值；只注一个值时，表示为上限值；注两个值时，表示为上限值和下限值。

代号	意义	代号	意义
3.2∕	用任何方法获得的表面粗糙度，Ra 的上限值为 3.2μm	3.2∕	用不去除材料的方法获得的表面粗糙度，Ra 的上限值为 3.2μm
3.2∕	用除去材料的方法获得的表面粗糙度，Ra 的上限值为 3.2μm	3.2 1.6∕	用去除材料的方法获得的表面粗糙度，Ra 的上限值为 3.2μm，下限值为 1.6μm
Ry3.2∕	用任何方法获得的表面粗糙度，Ry 的上限值为 3.2μm	Rz3.2∕	用去除材料的方法获得的表面粗糙度，Rz 的上限值为 3.2μm

（五）表面粗糙度说明

（1）标注轮廓算术平均偏差 Ra 时，可省略符号 Ra。

（2）当标注上限值或上限值与下限值时，允许实测值中有 16% 的测值超差。

（3）当不允许任何实测值超差时，应在参数值的右侧加注 "max" 或同时标注 "max" 和 "min"。

3.2max
1.6min∕ 用去除材料的方法获得的表面，Ra 的最大值为 3.2μm，最小值为 1.6μm。

3.2 铣∕ 用去除材料的方法获得的表面，Ra 的上限值为 3.2μm，加工方法为铣削。

（六）表面粗糙度代号在图样上的标注

在同一图样上每一表面只标注一次粗糙度代号，且应标注在可见轮廓线、尺寸界线、引出线或它们的延长线上，并尽可能靠近有关尺寸线。符号的尖端必须从材料外指向表面。

（1）当零件的大部分表面具有相同的粗糙度要求时，对其中使用最多的一种代号（符号），可统一标注在图纸的右上角，加注"其余"二字。

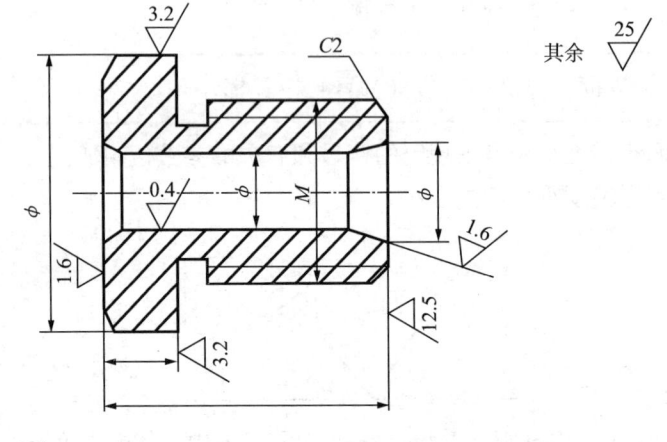

(2) 代号中的数字及符号的方向必须按图中的规定标注。代号中的数字方向应与尺寸数字的方向一致。

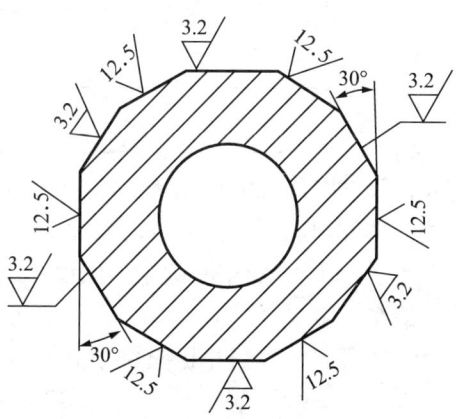

(3) 齿轮、渐开线花键的工作表面，在图中没有表示出齿形时，其粗糙度代号可标注在分度线上。

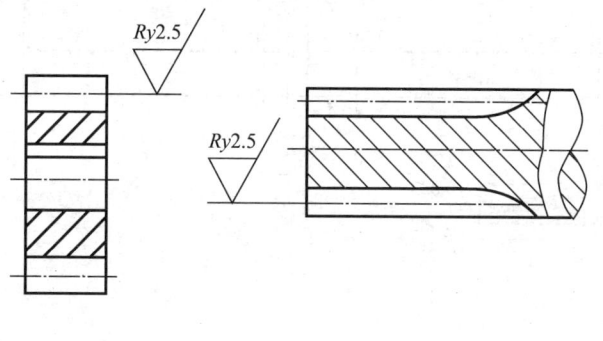

(4) 螺纹表面需要标注表面粗糙度时，应标注在螺纹尺寸线上。

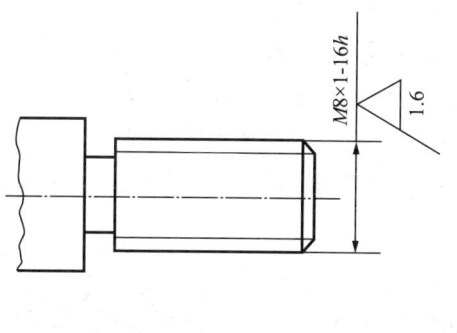

(5) 当零件所有表面都有相同表面粗糙度要求时，可在图样右上角统一标注代号。

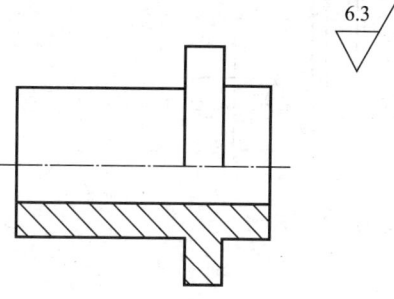

(6) 对不连续的同一表面，可用细实线相连，其表面粗糙度代号可标注一次，如①图所示。

(7) 零件上连续要素及重复要素（孔、槽、齿等）的表面，其表面粗糙度代号只标注一次，如②图所示。

(8) 同一表面上有不同表面粗糙度要求时，应用细实线分界，并标注出尺寸与表面粗糙度代号，如③图所示。

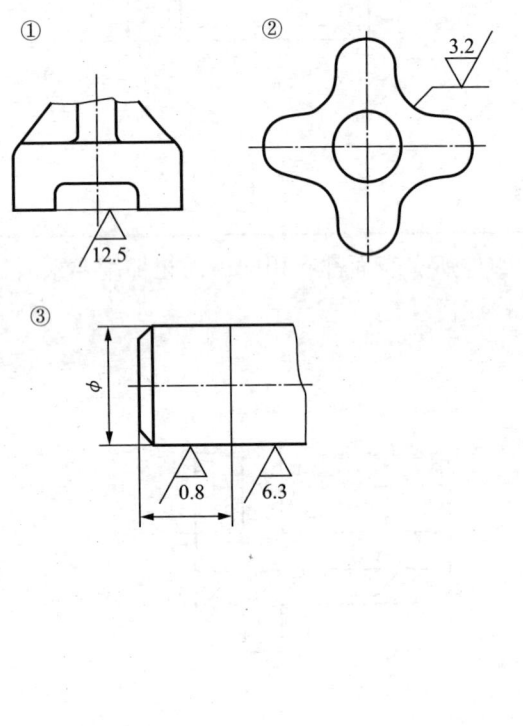

5-2 极限与配合

在成批或大量生产中，要求零件具有互换性，即同一批零件，不经挑选和辅助加工，任取一个就可顺利地装到机器上去，并满足机器的性能要求。

（一）相关术语及定义

(1) 基本尺寸：设计时确定的尺寸。

(2) 实际尺寸：零件制成后实际测得的尺寸。

(3) 极限尺寸：允许尺寸变化的两个界限值，最大的为最大极限尺寸，最小的为最小极限尺寸。

最大极限尺寸≥实际尺寸≥最小极限尺寸。

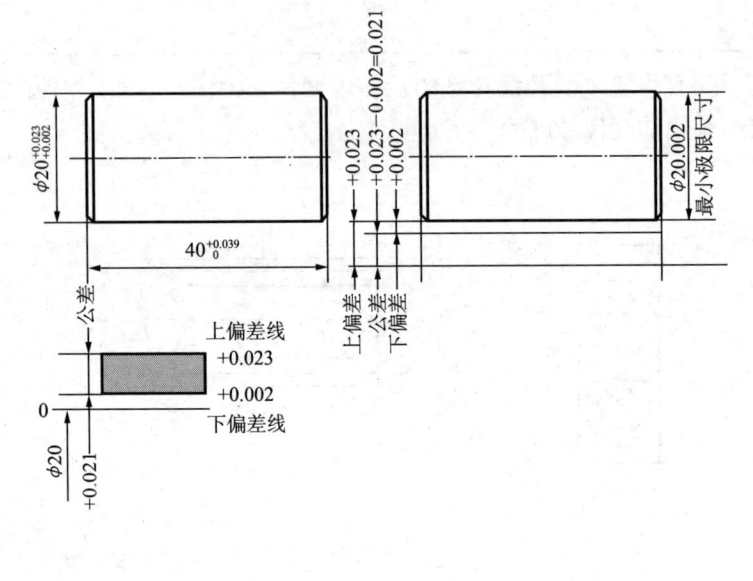

(4) 尺寸偏差：某一尺寸减去其基本尺寸所得的代数差，尺寸偏差分上偏差和下偏差。

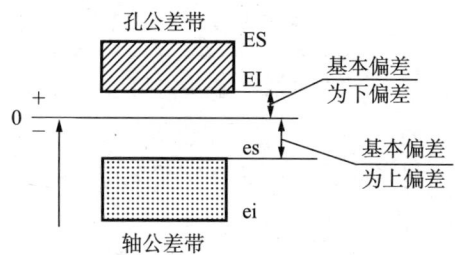

上偏差 = 最大极限尺寸 - 基本尺寸

下偏差 = 最小极限尺寸 - 基本尺寸

孔和轴的上偏差分别以 ES 和 es 表示；孔和轴的下偏差分别以 EI 和 ei 表示。

(5) 尺寸公差：尺寸公差是允许尺寸的变动量。

尺寸公差 = 最大极限尺寸 - 最小极限尺寸
　　　　 = 上偏差 - 下偏差

(6) 标准公差：标准公差是国标规定的用来确定公差带大小的标准化数值。

标准公差按基本尺寸范围和标准公差等级确定，分 20 个级别，即 IT01、IT0、IT1～IT18。随着 IT 值增大，精度依次降低，公差值也由小变大。IT01～IT11 用于配合尺寸，IT12～IT18 用于非配合尺寸。

(7) 零线：在公差与配合图解中，表示基本尺寸的一条直线，它的偏差为零，以其为基准确定偏差和公差，当零线沿水平方向绘制时，正偏差在其上方，负偏差在其下方。

(8) 尺寸公差带：在公差带图解中，由代表上下偏差极限值的两条直线所确定的一个区域称为尺寸公差带，简称公差带。它可以表示尺寸公差的大小和公差带相对于零线的位置。

(9) 基本偏差：用以确定公差带相对于零线位置的上偏差或下偏差，一般指靠近零线的那个偏差。若公差带位于零线之上，则下偏差为基本偏差；若公差带位于零线之下，则上偏差为基本偏差。

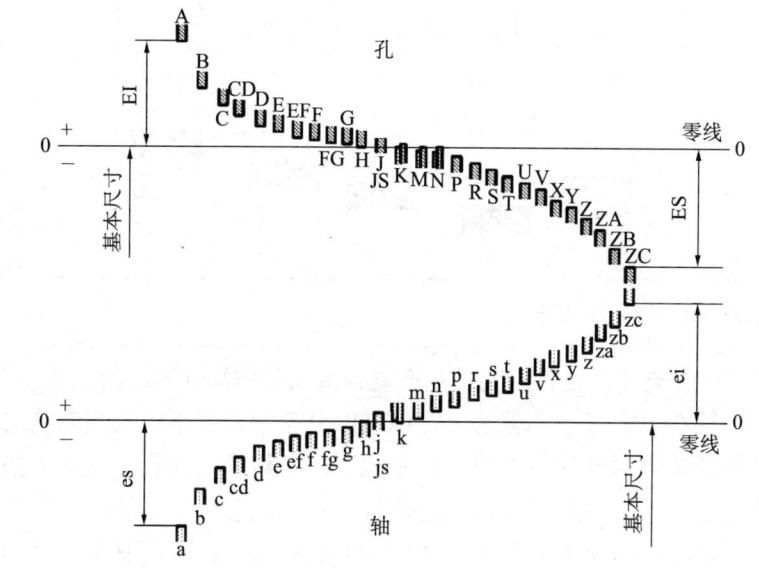

国家规定了轴和孔各有 28 个基本偏差，用拉丁字母表示。大写字母表示孔，小写字母表示轴。轴的基本偏差 a～h 为上偏差，j～zc 为下偏差，js 的基本偏差为（+IT/2）或 -IT/2）；孔的基本偏差 A～H 为下偏差，J～ZC 为上偏差，JS 的基本偏差为（+IT/2）或（-IT/2）。

孔和轴公差带的代号，由基本偏差代号和公差等级代号组成。

（二）配合

配合是指基本尺寸相同、相互结合的孔和轴公差带之间的关系。配合分为间隙配合、过盈配合、过渡配合三种。

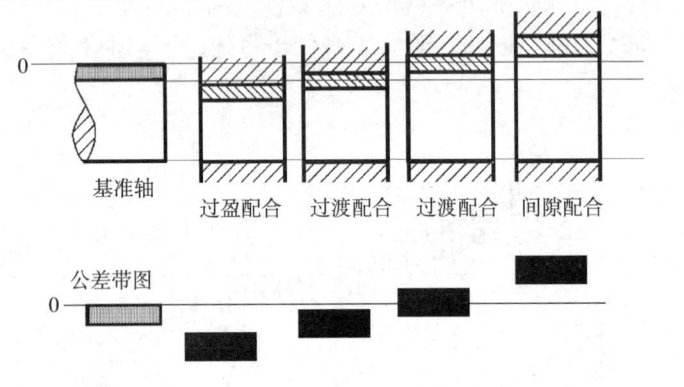

（三）配合的基准制

国标确定了配合的两种基准制：基孔制和基轴制。

基孔制：基本偏差为一定的孔的公差带，与不同基本偏差的轴的公差带组成的各种组合。基孔制的孔称为基准孔，以基本偏差代号"H"表示，其下偏差为零。

基轴制：基本偏差为一定的轴的公差带，与不同基本偏差的孔的公差带组成的各种配合。基轴制的轴孔称为基准轴，以基本偏差代号"h"表示，其上偏差为零。

基轴制的标注方式：

$$基本尺寸\frac{孔的基本偏差代号公差等级}{基本轴代号（h）公差等级}$$

基孔制的孔称为基准孔，以基本偏差代号"H"表示，其下偏差为零。

$$基本尺寸\frac{基本孔代号（H）公差等级}{轴的基本偏差代号公差等级}$$

基孔制中的轴，a～h用于间隙配合，j～zc用于过渡配合和过盈配合；基轴制中的孔，A～H用于间隙配合，J～ZC用于过渡配合和过盈配合。

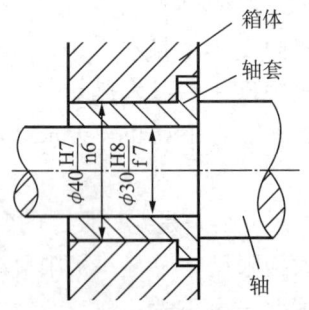

（四）公差与配合的标注方法

1. 在装配图上的标注方法

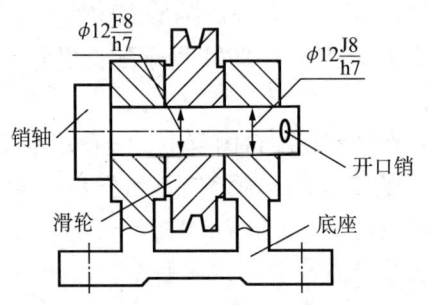

2. 在零件图上的标注

(1) 在基本尺寸后标注出基本偏差代号和公差等级。

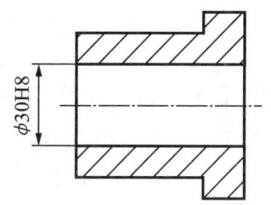 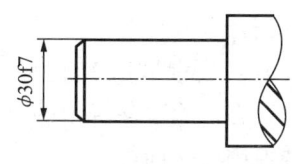

这种标注方法配合精度明确、标注简单,但数值不直观,适用于量规检测的尺寸。

(2) 标注出基本尺寸及上、下偏差值(常用方法)。

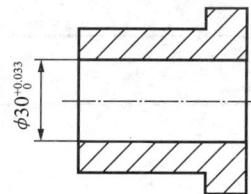 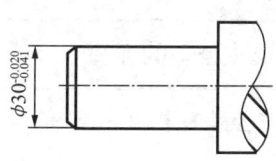

这种标注方法数值直观,用万能量具检测方便,试制单件及小批生产用此方法较多。

(3) 在基本尺寸后,标注出基本偏差代号、公差等级及上、下偏差值,偏差值要加上括号。

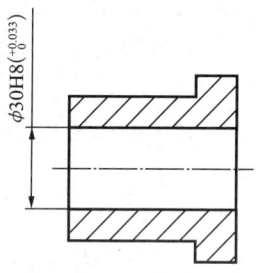 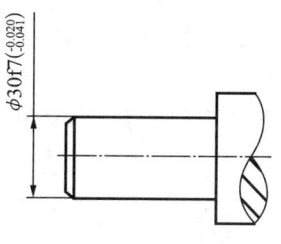

这种标注方法既明确配合精度又有公差数值,适用于生产规模不确定的情况。

— 49 —

5-3 形位公差

(一) 形状和位置公差概念

形状公差是指单一实际要素的形状对其理想要素形状的允许变动量。

位置公差是指关联实际要素的位置对其理想要素位置的允许变动量。

公差类别	几何特征	符号	有或无基准要求
形状公差	直线度	—	无
	平面度	▱	
	圆度	○	
	圆柱度	⌭	
	线轮廓度	⌒	
	面轮廓度	⌓	
方向公差	平行度	∥	有
	垂直度	⊥	
	倾斜度	∠	
	线轮廓度	⌒	
	面轮廓度	⌓	
位置公差	位置度	⌖	有或无
	同心度(用于中心线)	◎	有
	同轴度(用于轴线)	◎	
	对称度	═	
	线轮廓度	⌒	
	面轮廓度	⌓	
跳动公差	圆跳动	↗	
	全跳度	↗↗	

基本术语:
(1) 要素: 要素是指零件上的特征部分,即点、线或面。要素可以是实际存在的零件轮廓上的点、线或面,也可以是由实际要素取得的轴线或中心平面等。
(2) 被测要素: 给出了形位公差要求的要素。
(3) 基准要素: 用来确定被测要素方向、位置的要素。
(4) 公差带: 限制实际要素变动的区域,公差带有形状、方向、位置、大小等属性。

公差带的主要形状有两等距直线之间的区域、两等距平面之间的区域、圆内的区域、两同心圆之间的区域、圆柱面内的区域、两同轴圆柱面之间的区域、球内的区域、两等距曲线之间的区域和两等距曲面之间的区域等。

(二) 形位公差的标注

1. 形位公差框格及其内容

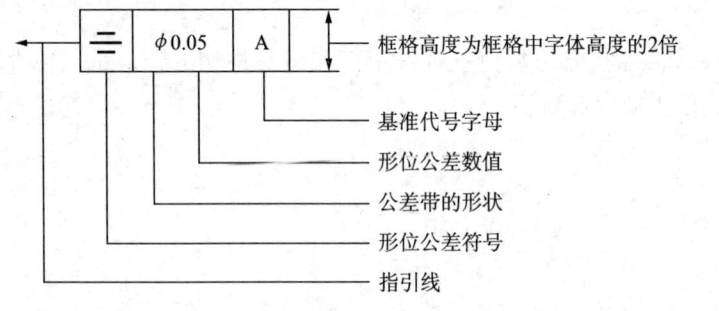

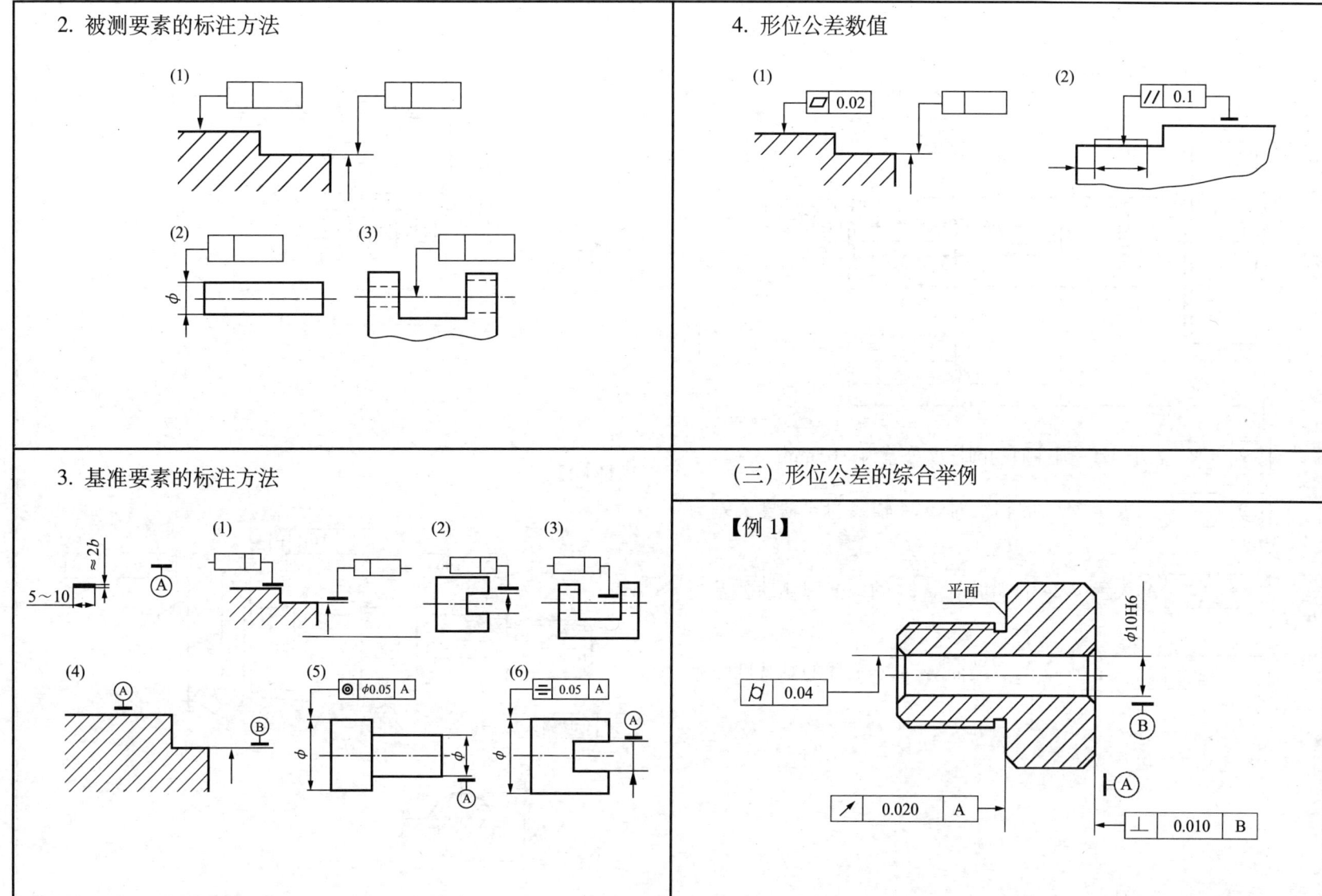

【例2】

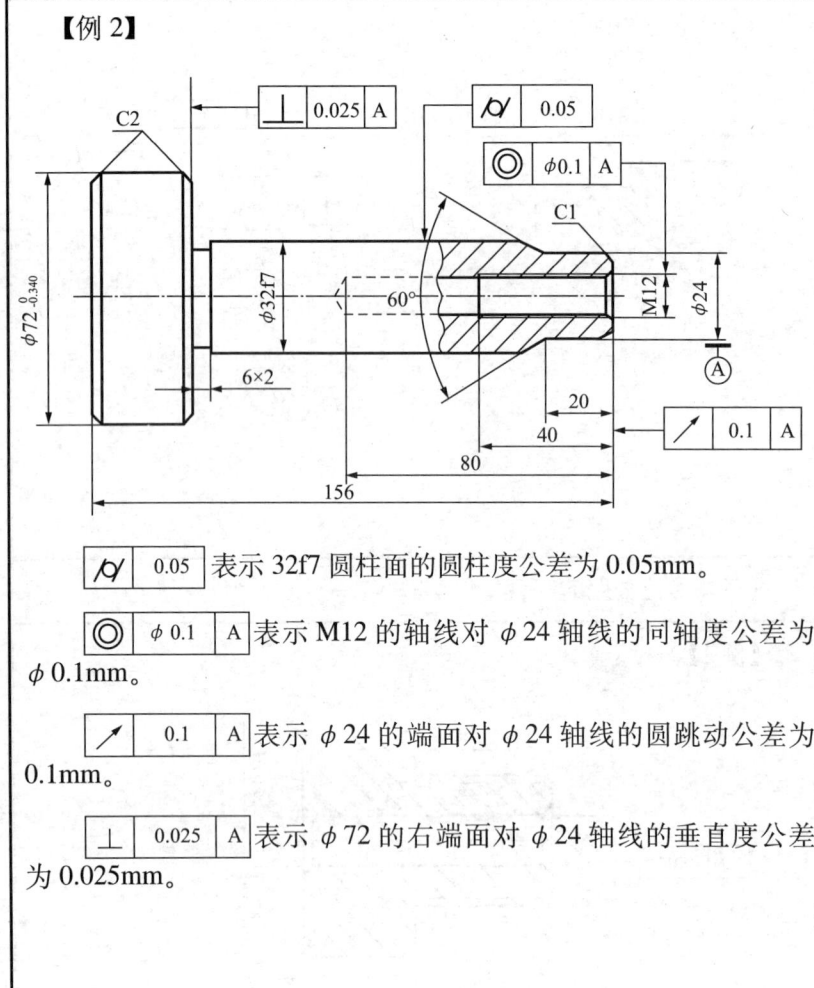

⌭ 0.05 表示 32f7 圆柱面的圆柱度公差为 0.05mm。

◎ φ0.1 A 表示 M12 的轴线对 φ24 轴线的同轴度公差为 φ0.1mm。

↗ 0.1 A 表示 φ24 的端面对 φ24 轴线的圆跳动公差为 0.1mm。

⊥ 0.025 A 表示 φ72 的右端面对 φ24 轴线的垂直度公差为 0.025mm。

【例3】

【例4】

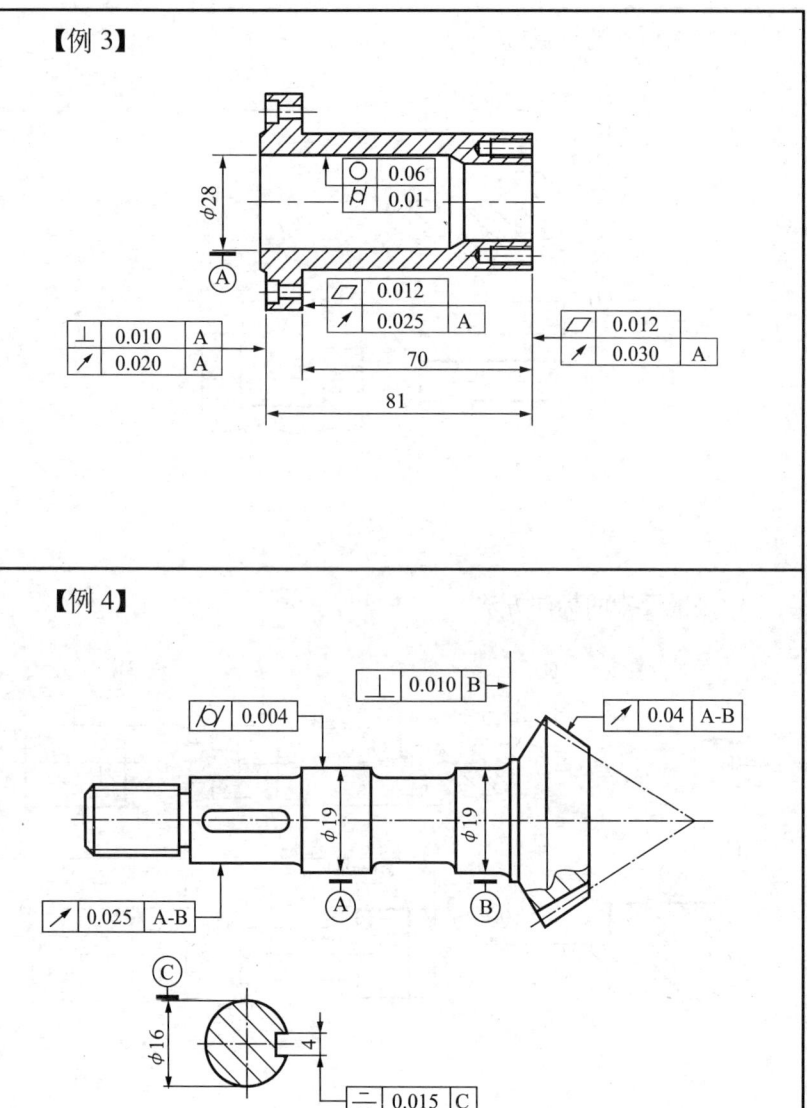

5-4 技术要求综合举例

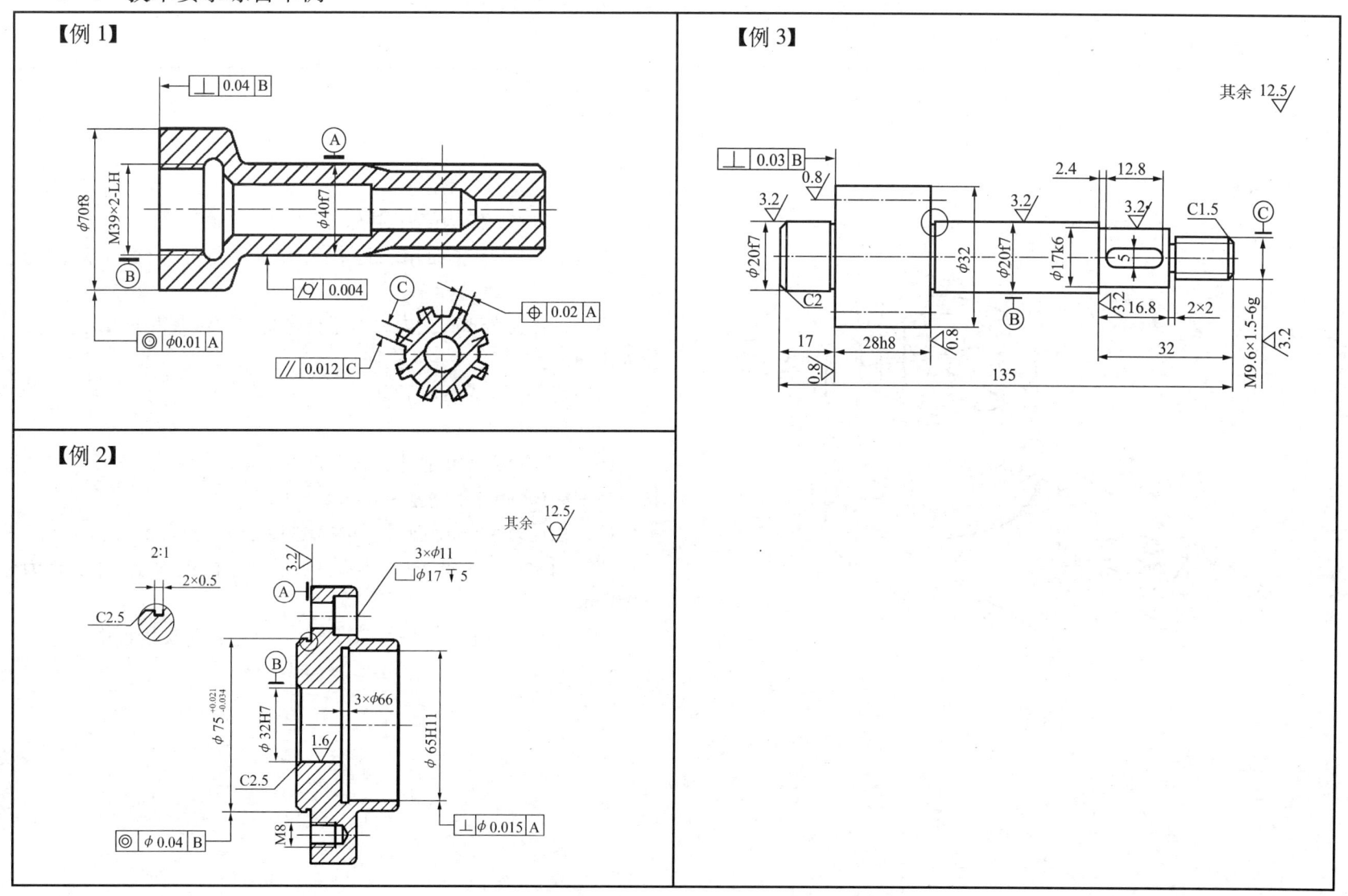

第六章 轴测图画三视图综合举例

6-1 轴测图与三视图

【例1】

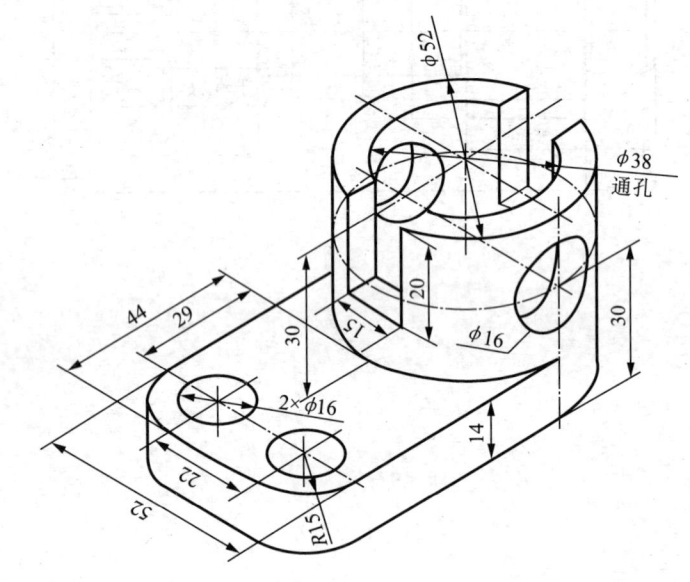

说明：(1) 此结构前后对称，底板有两个圆通孔。

(2) 底板上下底面用去除材料方法获得的 Ra 的上限值为 6.3mm。

(3) 直径为 38mm 孔内表面用去除材料方法获得的 Ra 的上限值为 3.2mm。

(4) 其余表面为不加工面。

(5) 铸件不得有砂眼、缩孔等缺陷，高温时效处理。

(6) 直径为 38mm 的孔的基本偏差代号 H、公差等级 6 级，上偏差为 +0.016mm，下偏差为 0mm。

(7) 直径为 52mm 的圆柱面的圆柱度公差为 0.03mm。

(8) 直径为 38mm 的孔的轴线对下底面的垂直度公差为 ϕ 0.02mm。

(9) 名称：支座；材料：HT200；单位：长庆培训中心；图号：JCT01。

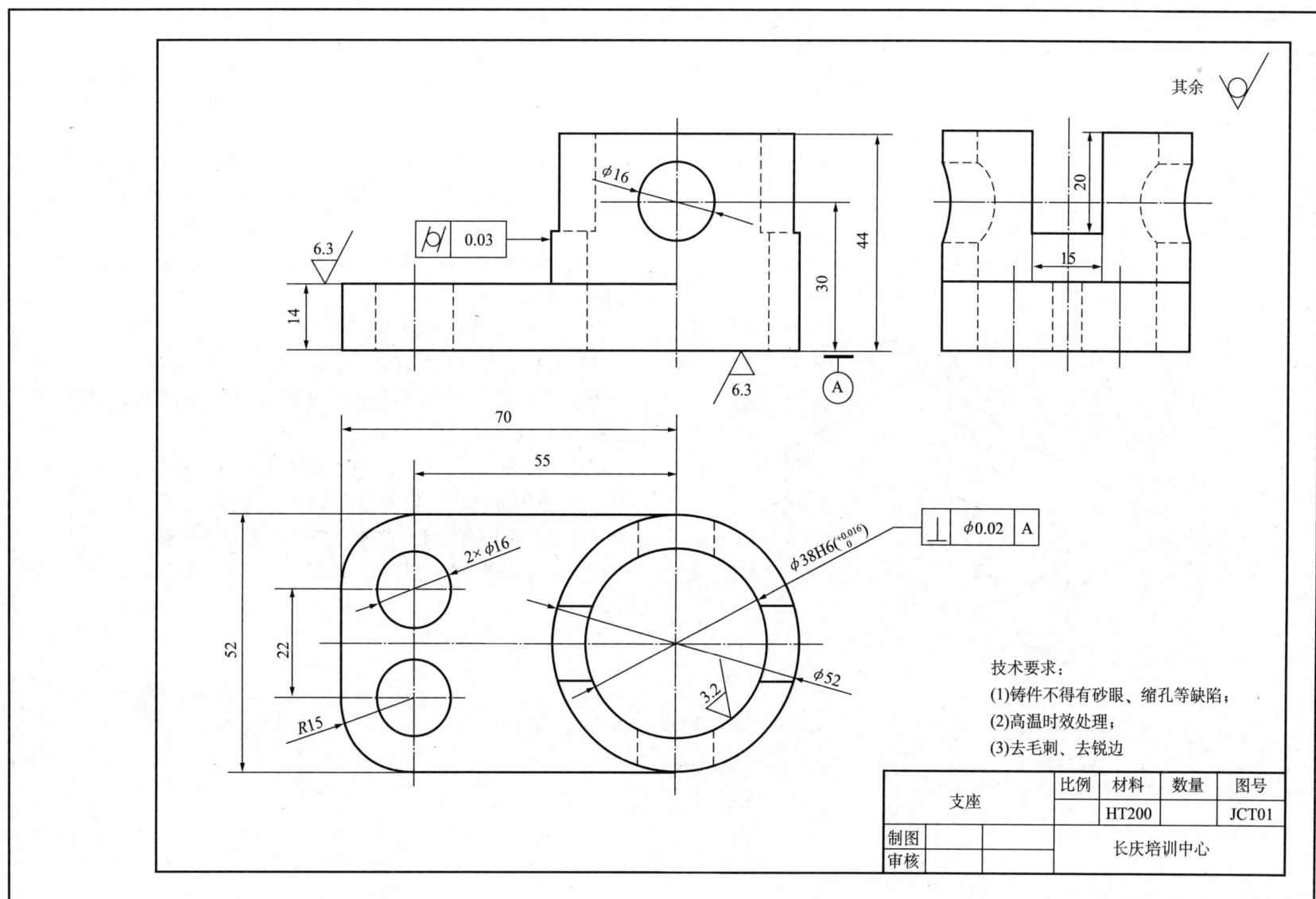

【例2】

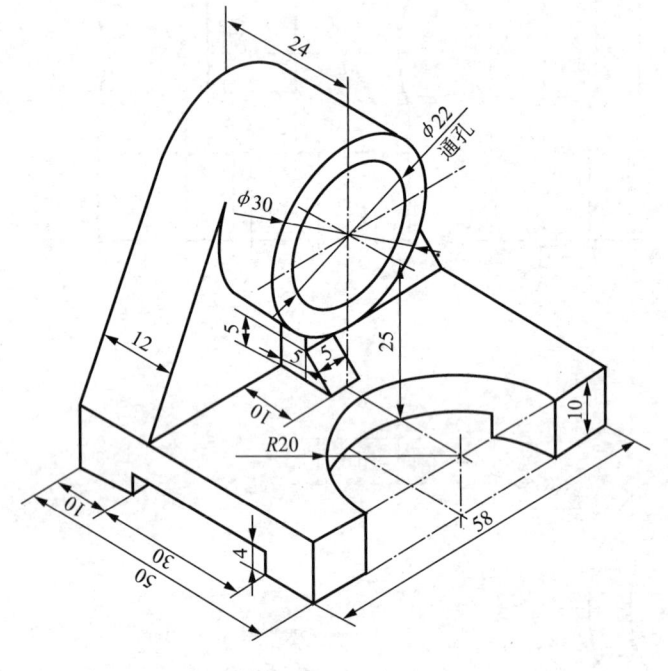

说明：(1) 此结构左右对称，直径为22mm的孔为通孔。

(2) 底板方槽两侧面用去除材料的方法获得的 Ra 的上限值为 3.2mm。

(3) 直径为22mm的圆孔内表面用去除材料的方法获得的 Ra 的上限值为 6.3mm。

(4) 其余表面为不加工面。

(5) 底板上表面对下表面的平行度公差为 0.06mm。

(6) 直径为22mm的圆孔轴线对直为30mm的圆柱轴线的同轴度公差为 ϕ0.02mm。

(7) 直径为22mm的孔的基本偏差代号 H、公差等级6级，其上偏差为+0.013mm，下偏差为 0mm。

(8) 铸件不得有砂眼、缩孔等缺陷；表面热处理。

(9) 名称：轴承座；材料：HT200；单位：长庆培训中心；图号：JCT02。

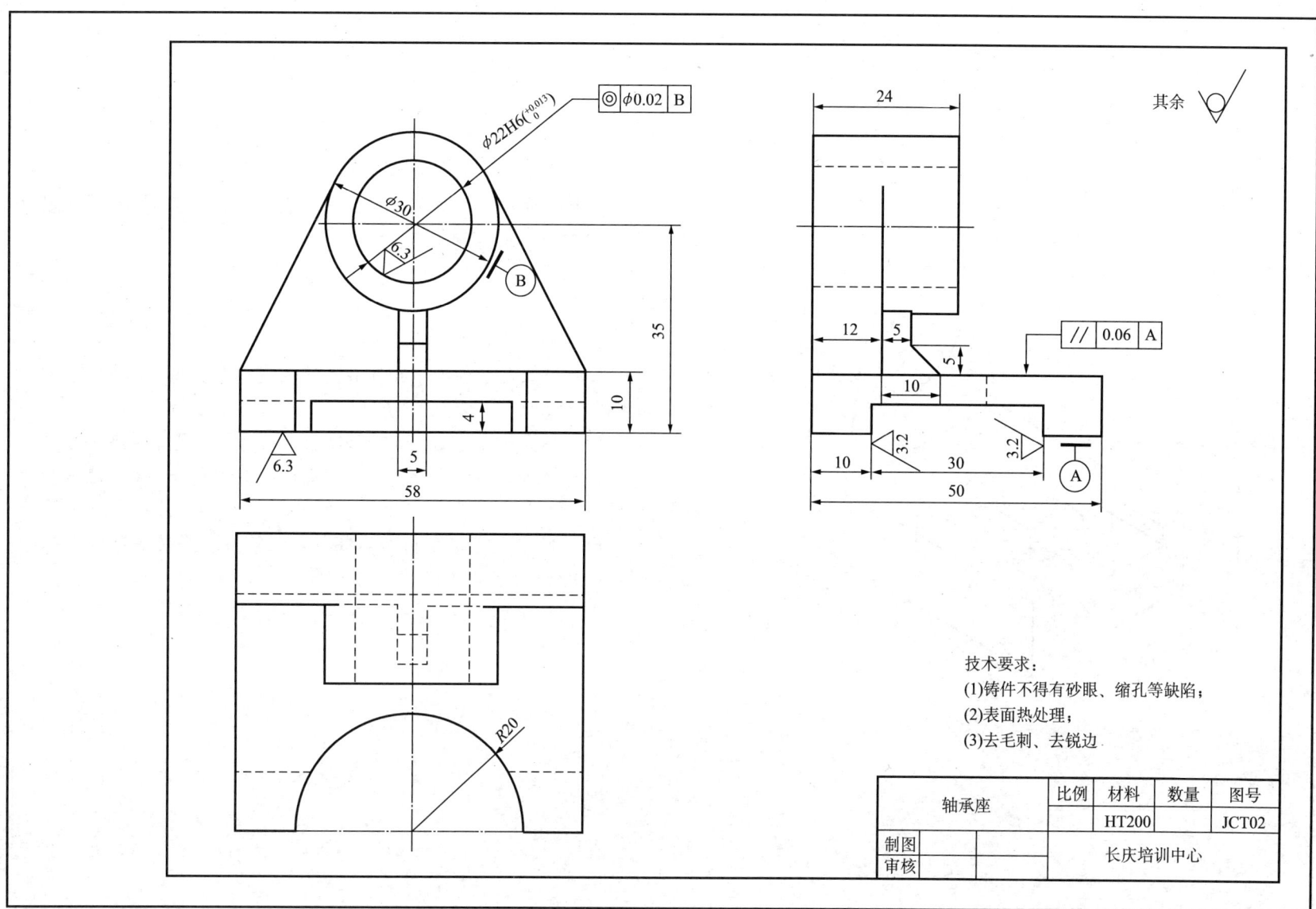

【例3】

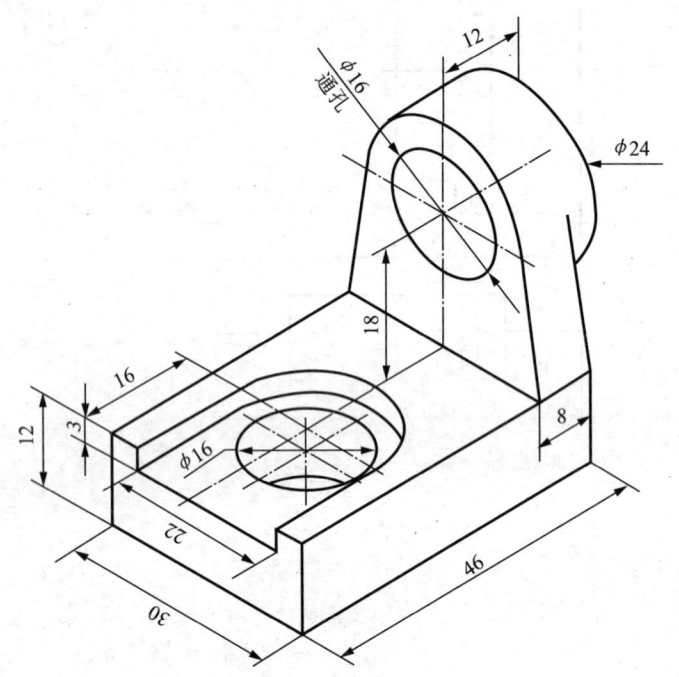

说明：(1) 该结构前后对称。

(2) 圆筒 ϕ16mm 圆孔用去除材料的方法获得的 Ra 的上限值为 3.2mm。

(3) 底板凹槽台阶面用去除材料的方法获得的 Ra 的上限值为 6.3mm。

(4) 其余表面为毛面。

(5) 底板孔直径为 16mm 的孔的轴线对下表面的垂直度公差为 ϕ0.03mm。

(6) 圆筒直径为 16mm 的基本偏差代号 G，公差等级 6 级。

(7) 材料为 HT200，铸件不得有砂眼、缩孔等缺陷，高温时效处理。

(8) 名称：底座；材料：HT200；单位：长庆培训中心；图号：JCT03。

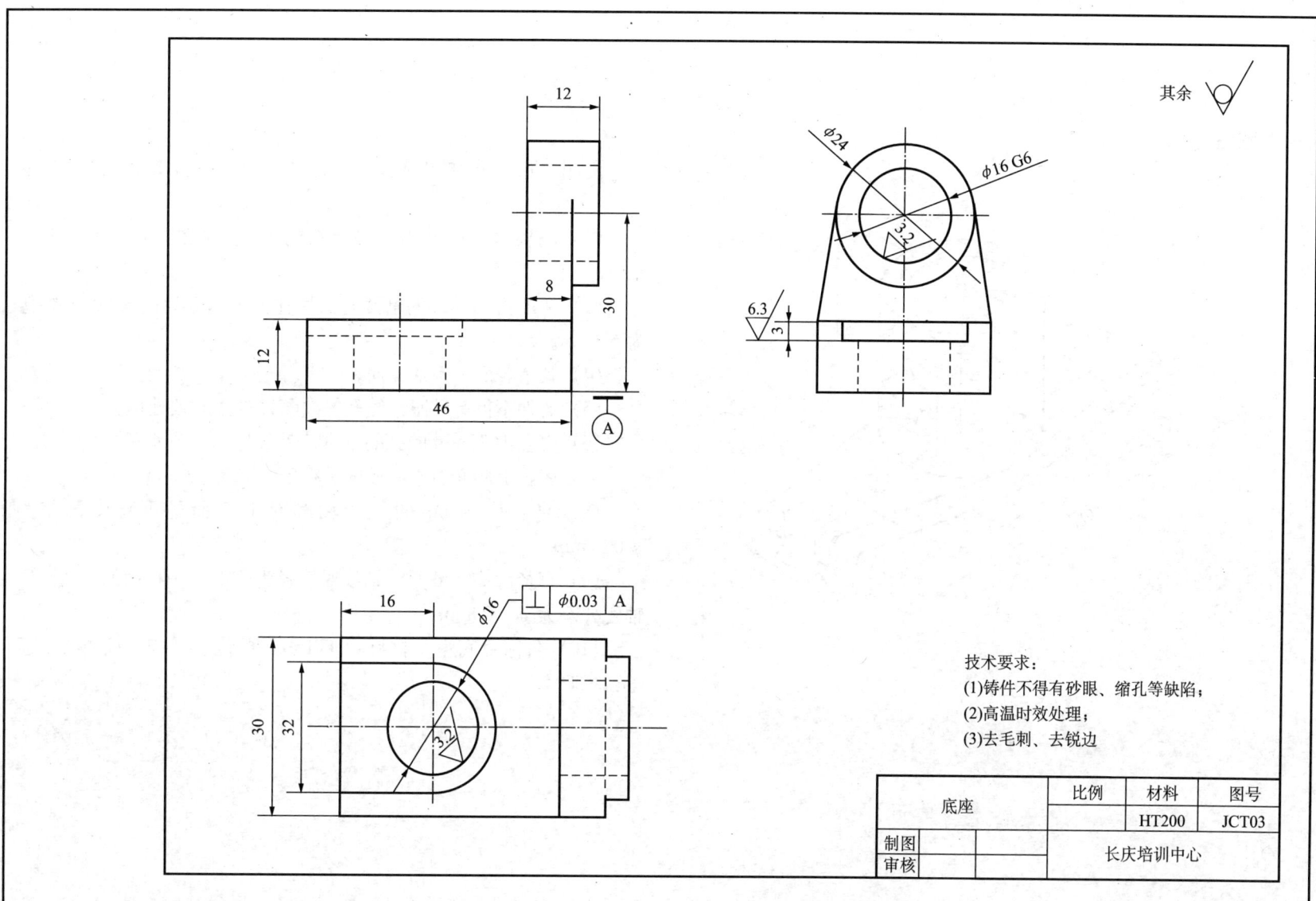

【例4】

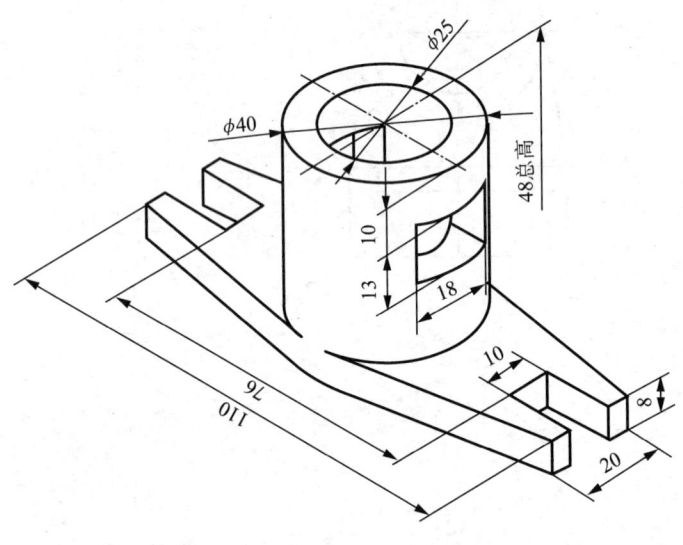

说明：(1) 此结构前后、左右对称，直径为25mm的孔为通孔。

(2) 底板上下底面用去除材料的方法获得的 Ra 的上限值为3.2mm。

(3) 宽度为10mm的槽两侧面用任何方法获得的 Ra 的上限值为6.3mm。

(4) 其余表面为不加工面。

(5) 铸件不得有砂眼、缩孔等缺陷，高温时效处理。

(6) 直径为25mm的孔的基本偏差代号H，公差等级6级。

(7) 底板上底面对下底面的平行度公差为0.06mm。

(8) 直径为25mm的孔的轴线对下底面的垂直度公差为 ϕ0.02mm。

(9) 直径为25mm孔的轴线对直径为40mm圆柱面的轴线的同轴度公差为 ϕ0.03mm。

(10) 名称：底座；材料：HT150；单位：长庆培训中心；图号：JCT04。

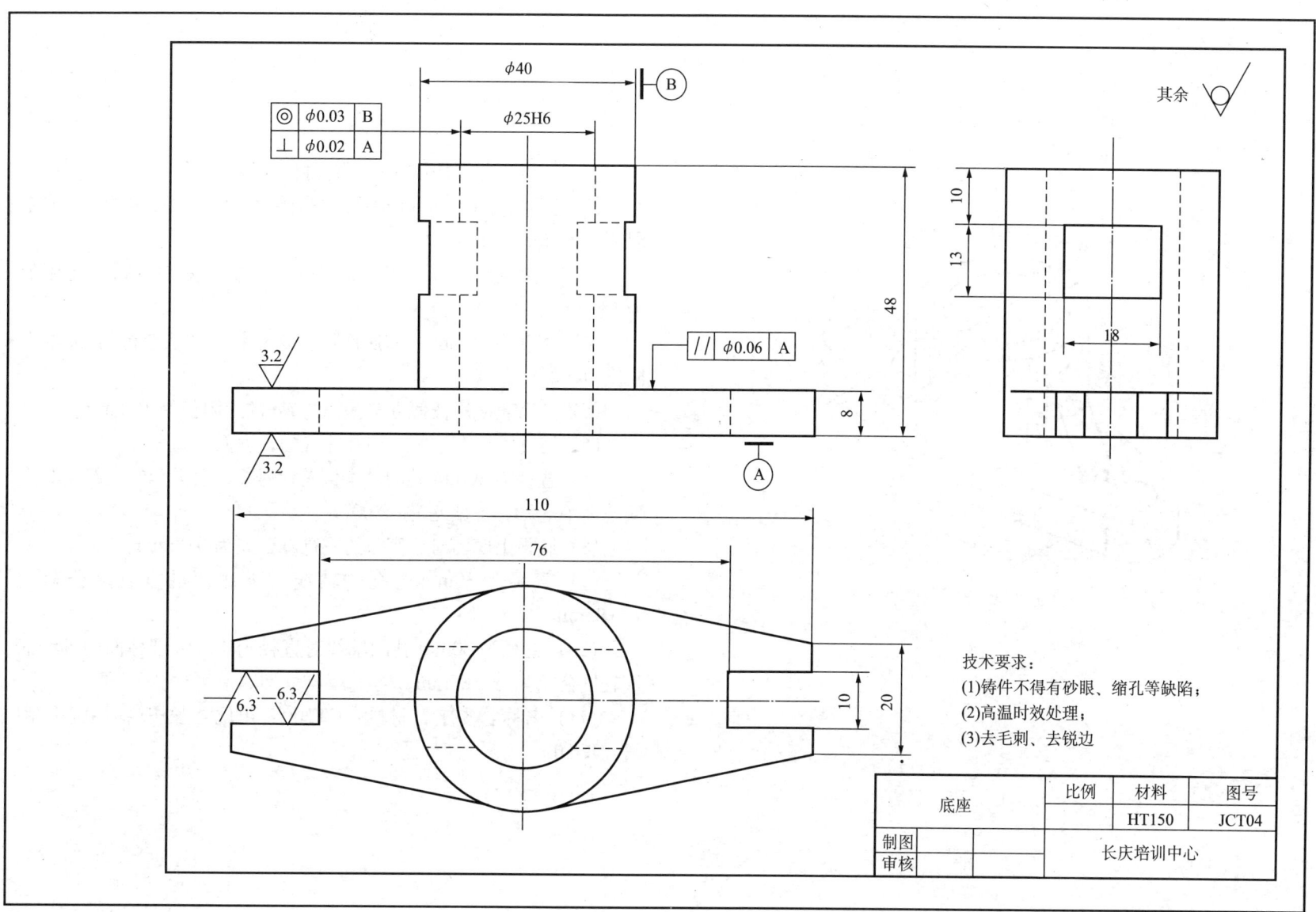

【例5】

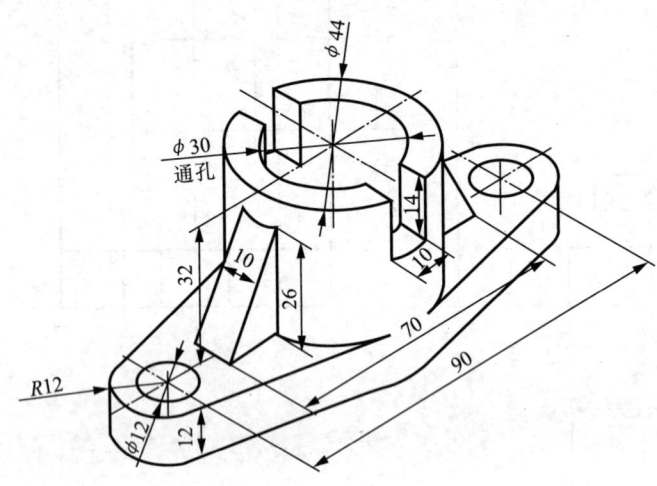

说明：(1) 此结构前后、左右对称。

(2) 直径为 30mm 孔内表面用去除材料的方法获得的 Ra 的上限值为 3.2mm。

(3) 宽度为 10mm 的槽两侧面用任何方法获得的 Ra 的上限值为 6.3mm。

(4) 宽度为 10mm 的槽底面用去除材料的方法获得的 Ra 的上限值为 3.2mm。

(5) 其余表面用任何方法获得的 Ra 的上限值为 12.5mm。

(6) 铸件不得有砂眼、缩孔等缺陷，表面热处理。

(7) 直径为 30mm 孔的基本偏差代号 G，公差等级 6 级，其上偏差为 +0.020，下偏差为 +0.007。

(8) 底板上底面对下底面的平行度公差为 0.06mm。

(9) 直径为 30mm 的孔的轴线对下底面的垂直度公差为 ϕ0.03mm。

(10) 直径为 30mm 孔的轴线对直径为 44mm 圆柱面的轴线的同轴度公差为 ϕ0.02mm。

(11) 名称：支座；材料：HT200；单位：长庆培训中心；图号：JCT05。

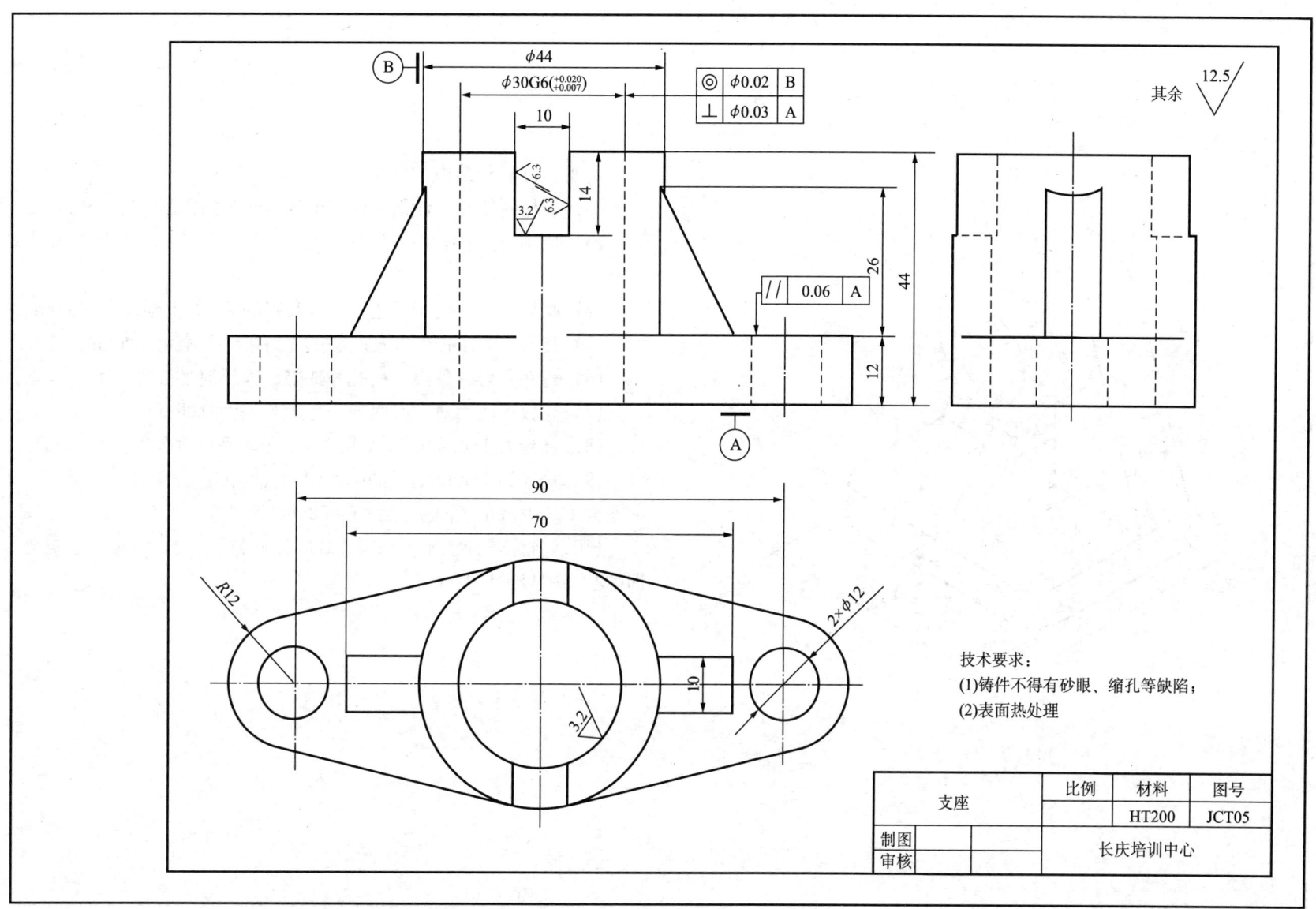

【例6】

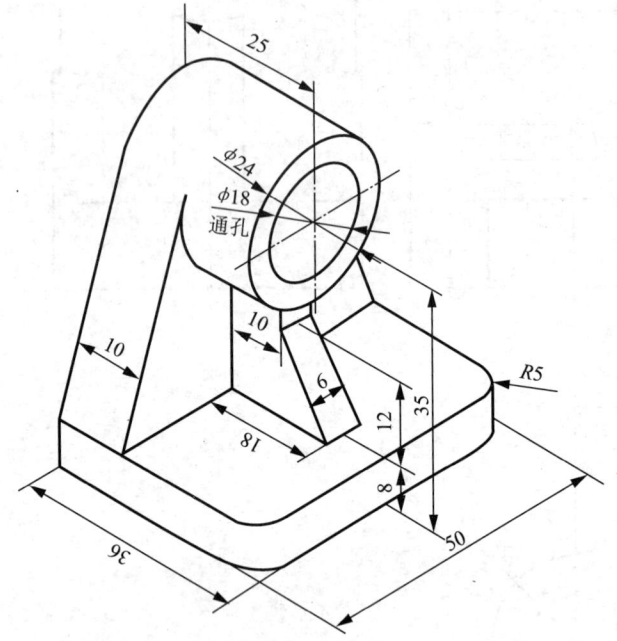

说明：(1) 此结构左右对称。

(2) 肋板两侧面用任何方法获得的 Ra 的上限值为 3.2mm。

(3) 圆孔内表面用去除材料的方法获得的 Ra 的上限值为 3.2mm。

(4) 底板上、下底面用任何方法获得的 Ra 的上限值为 6.3mm。

(5) 其余表面用任何方法获得的 Ra 的上限值为 12.5mm。

(6) 铸件不得有砂眼、缩孔等缺陷，人工时效处理。

(7) 底板上底面对下底面的平行度公差为 0.06mm。

(8) 直径为 18mm 的孔轴线对下底面的平行度公差为 0.05mm。

(9) 直径为 18mm 的孔的基本偏差代号 Js，公差等级 7 级，上偏差为 +0.008mm，下偏差为 −0.008mm。

(10) 名称：轴承座；材料：HT200；数量：2；单位：长庆培训中心；图号：JCT06。

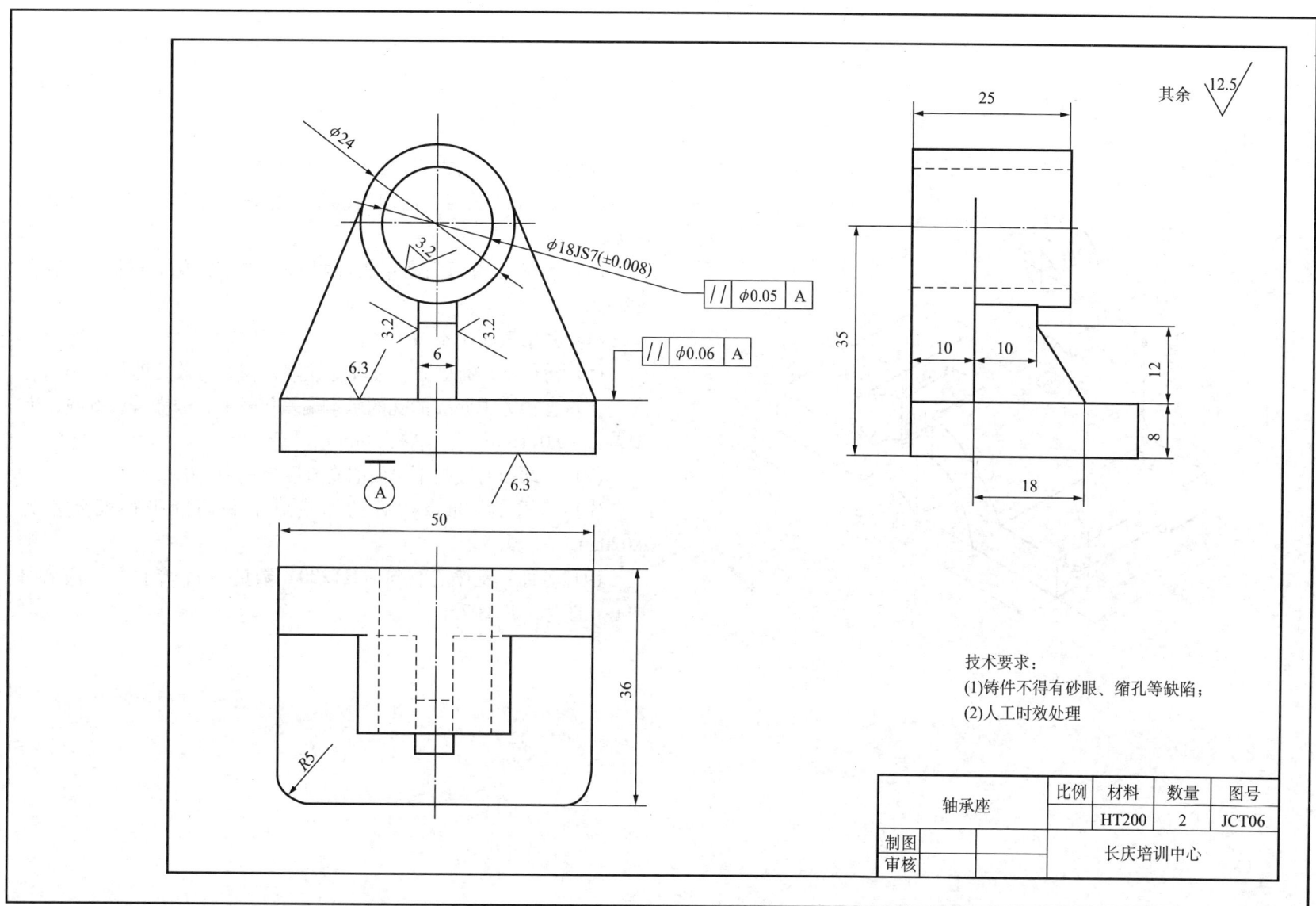

【例7】

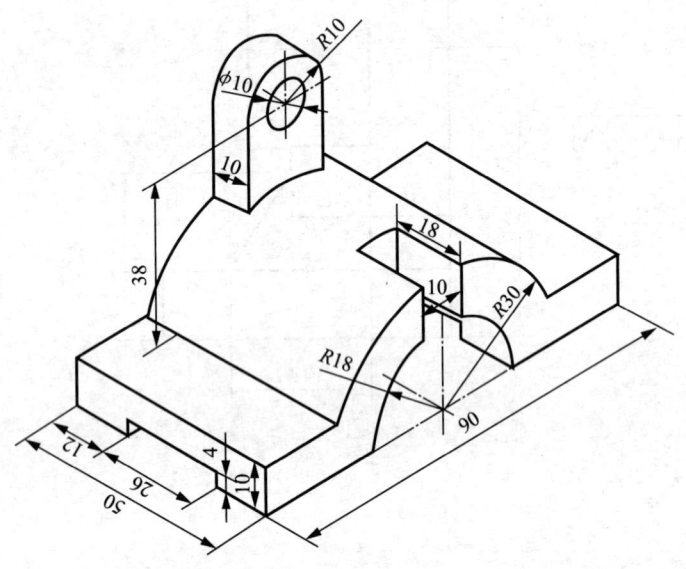

说明：(1) 此结构左右对称。

(2) R18mm 孔内表面用去除材料方法获得的 Ra 的上限值为 6.3mm。

(3) 底板方槽两侧面用去除材料方法获得的 Ra 的上限值为 3.2mm。

(4) 其余表面为不加工面。

(5) 铸件不得有砂眼、缩孔等缺陷，高温时效处理。

(6) 直径为 10mm 的孔的基本偏差代号 H，公差等级 6 级，上偏差为 +0.011mm，下偏差为 0mm。

(7) 后端面对底板下表面的垂直度公差为 0.03mm。

(8) 直径为 10mm 的孔的轴线对下底面的平行度公差为 0.02mm。

(9) 名称：支座；材料：HT200；数量：5；单位：长庆培训中心；图号：JCT07。

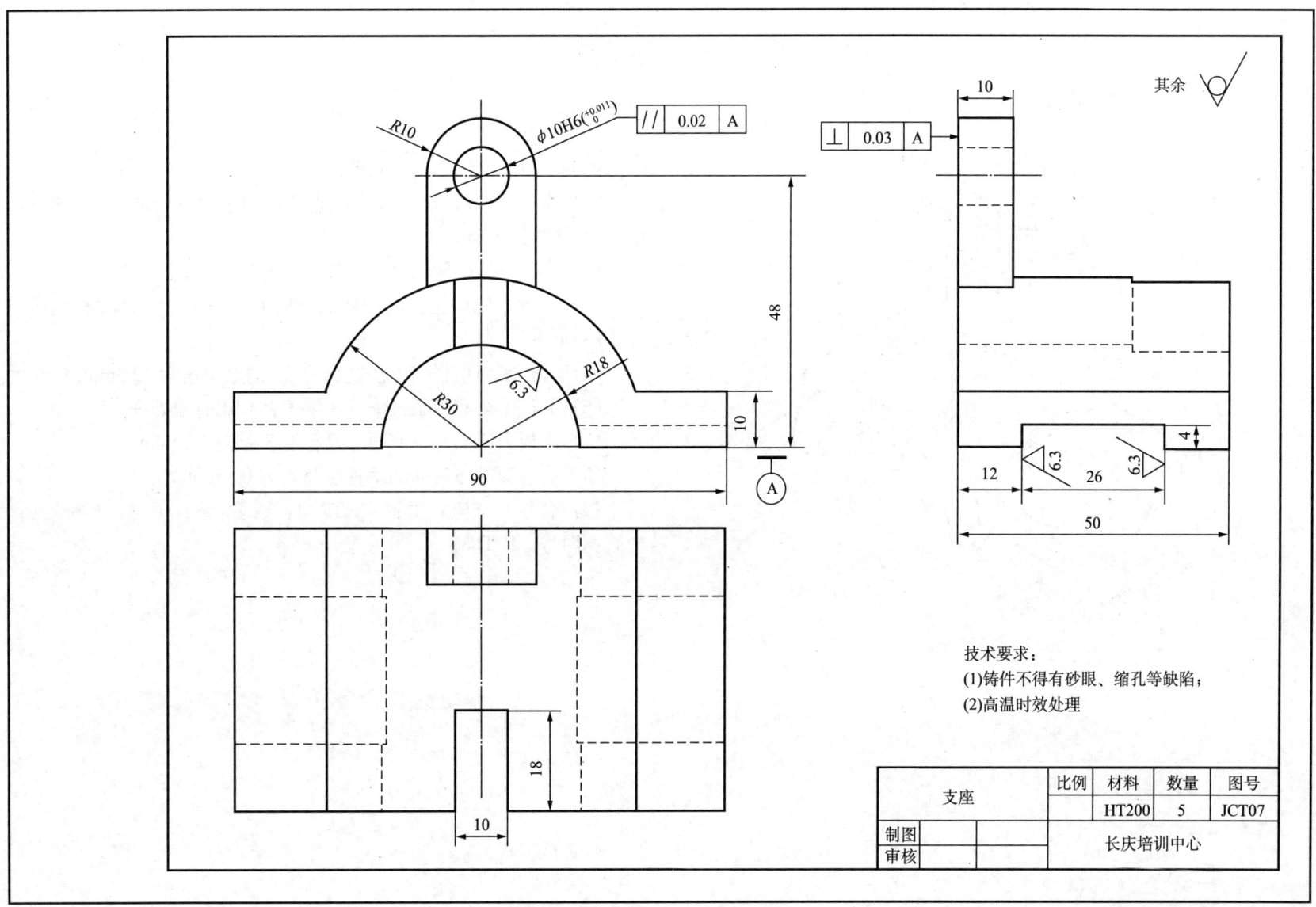

【例8】

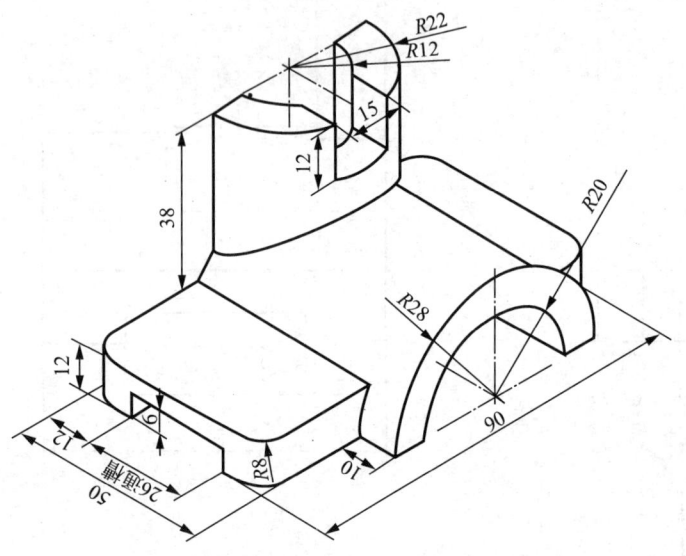

说明：(1) 此结构左右对称。

(2) 半径为 20mm、12mm 孔内表面用去除材料的方法获得的 Ra 的上限值为 3.2mm。

(3) 底板方槽两侧面用任何方法获得的 Ra 的上限值为 6.3mm。

(4) 上方半圆筒上方槽两侧面用任何方法获得的 Ra 的上限值为 3.2mm。

(5) 其余表面用任何方法获得的 Ra 的上限值为 12.5mm。

(6) 铸件不得有砂眼、缩孔等缺陷，高温时效处理。

(7) 底板上底面对下底面的平行度公差为 0.06mm。

(8) 后端面对下底面的垂直度公差为 0.05mm。

(9) 名称：支座；材料：HT200；数量：3；单位：长庆培训中心；图号：JCT08。

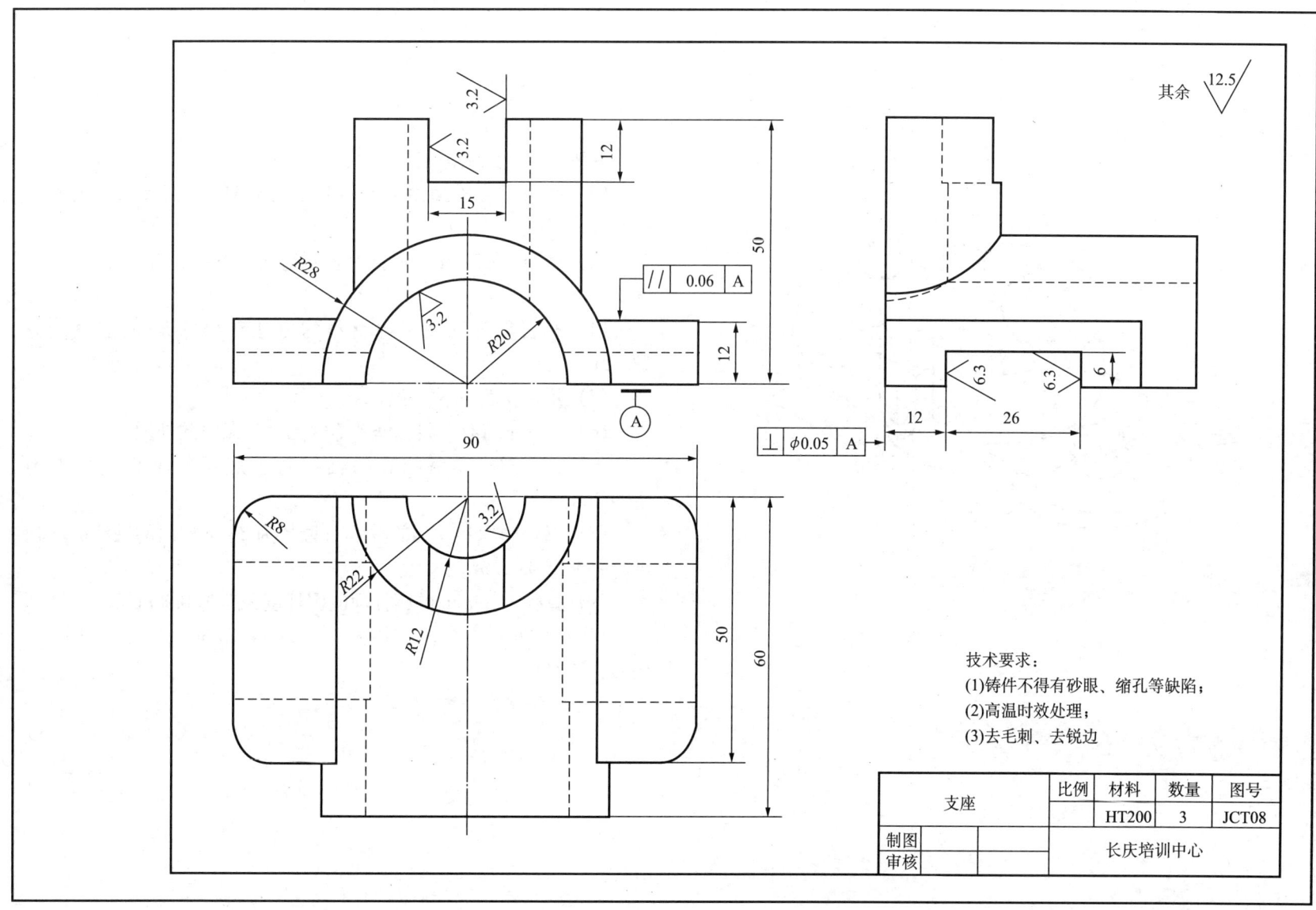

【例9】

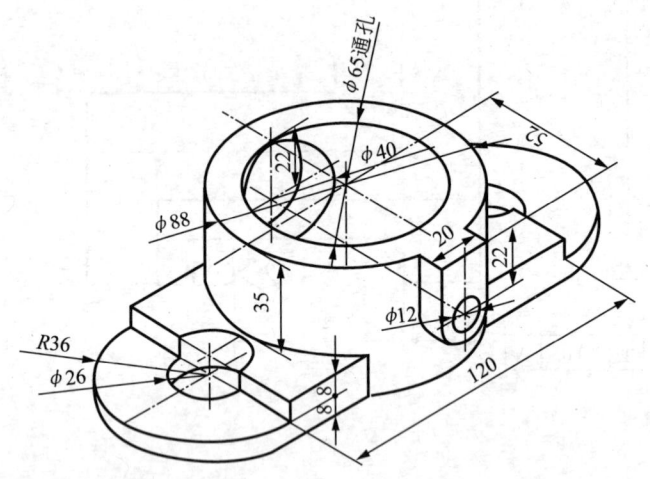

说明：（1）此结构左右对称。

（2）底板下台阶面用去除材料的方法获得的 Ra 的上限值为 3.2mm。

（3）直径为 65mm 的圆孔内表面用任何方法获得的 Ra 的上限值 6.3mm。

（4）凸台前端面用去除材料的方法获得的 Ra 的上限值为 12.5mm。

（5）其余表面为不加工面。

（6）铸件不得有砂眼、缩孔等缺陷，高温时效处理。

（7）直径为 65mm 的孔的轴线对下底面的垂直度公差为 ϕ0.02mm。

（8）直径为 65mm 孔的轴线对直径为 88 圆柱面的轴线的同轴度公差为 ϕ0.03mm。

（9）直径为 88mm 的圆柱面的圆柱度公差为 0.05mm。

（10）名称：组合体；材料：HT200；单位：长庆培训中心，图号：JCT09。

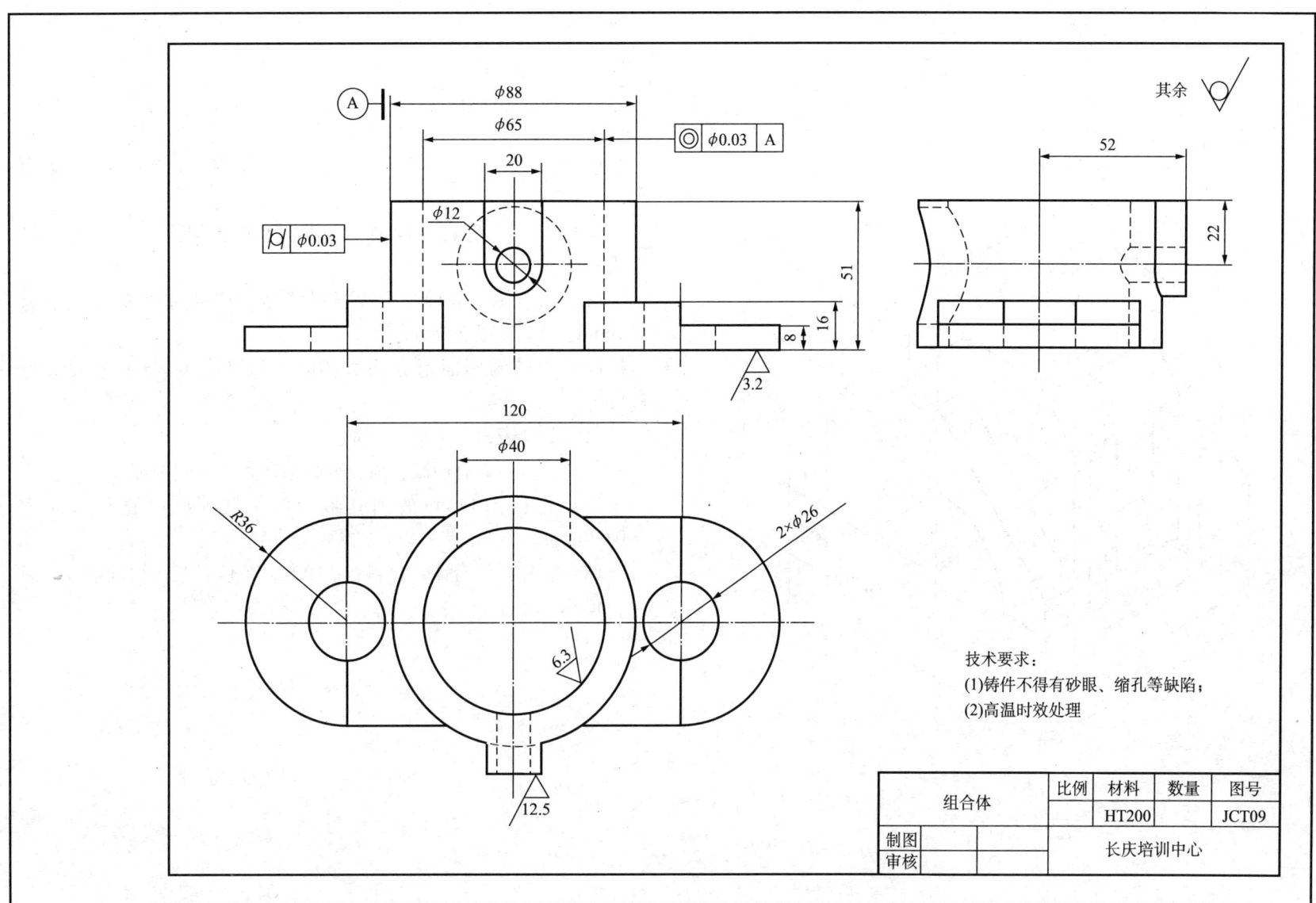

【例10】

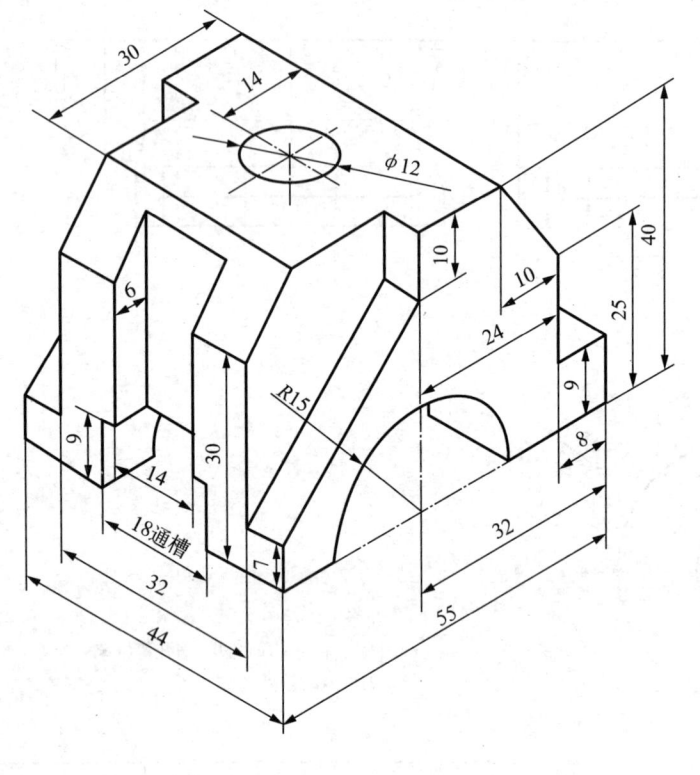

说明：(1) 此结构前后对称，直径为12mm的孔深度为15mm。

(2) 圆孔、半圆孔内表面用去除材料的方法获得的 Ra 的上限值为6.3mm。

(3) 组合体下底面用去除材料的方法获得的 Ra 的上限值为12.5mm，下限值为6.3mm。

(4) 方槽两侧面用去除材料的方法获得的 Ra 的上限值为3.2mm。

(5) 其余表面为不加工表面。

(6) 铸件不得有砂眼、缩孔等缺陷，人工时效处理。

(7) 直径为12mm的圆孔轴线对下底面的垂直度公差为 $\phi 0.030$mm。

(8) 名称：组合体；材料：HT200；单位：长庆培训中心；图号：JCT10。

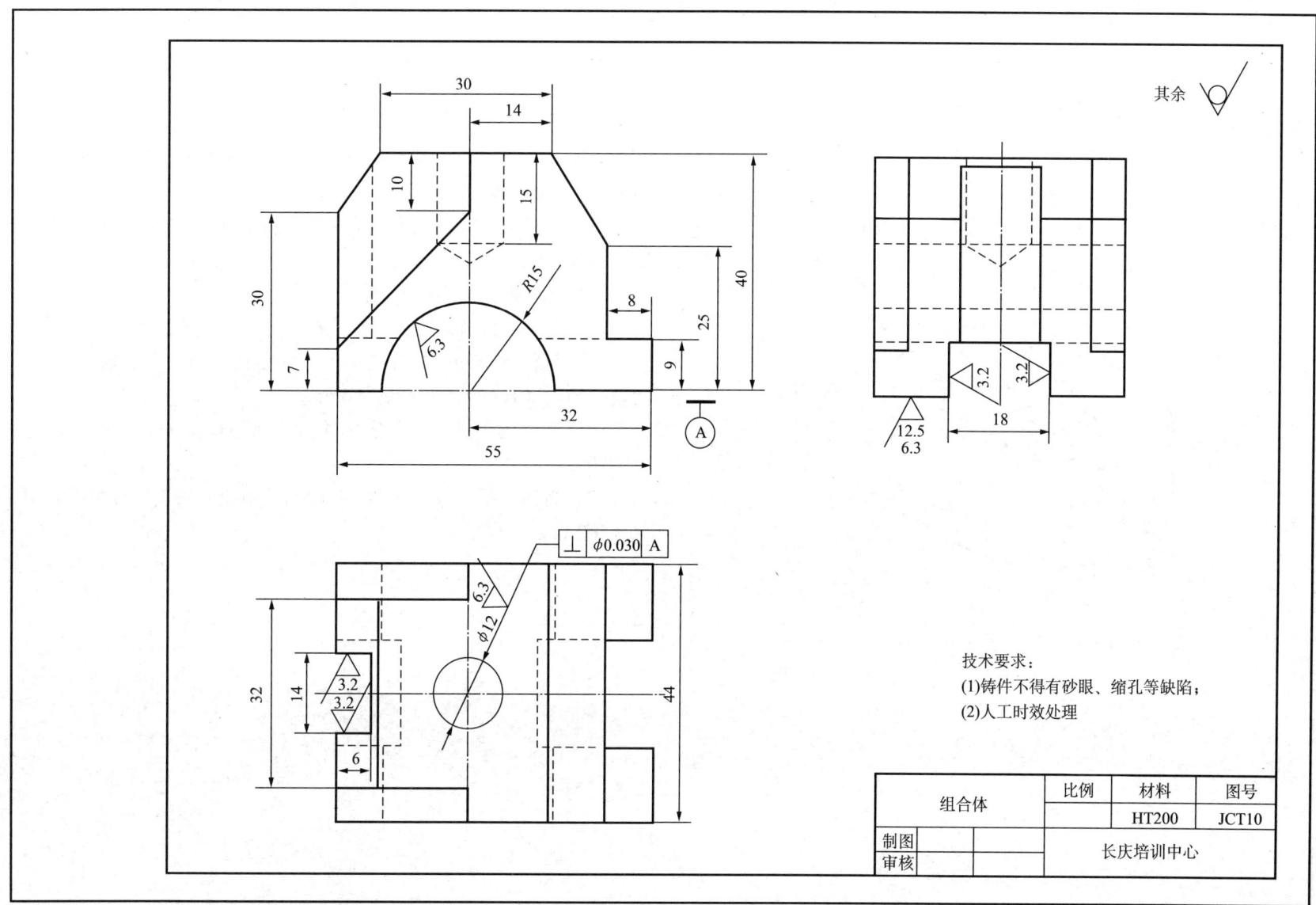

【例 11】

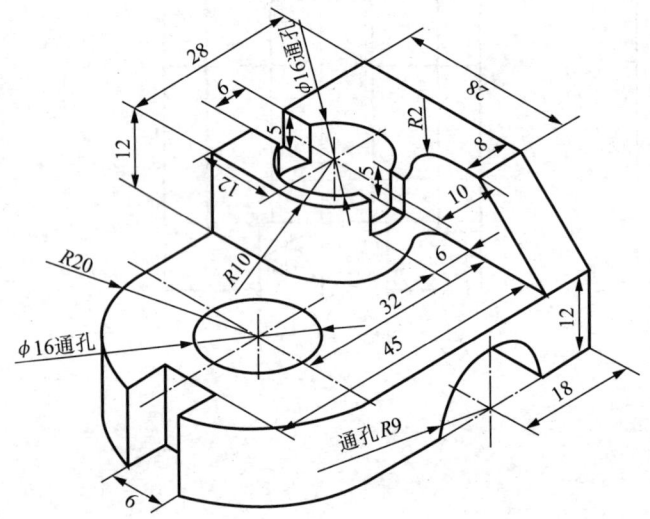

说明：(1) 半径为 9mm 的半圆孔内表面用去除材料方法获得的 Ra 的上限值为 6.3mm。

(2) 直径为 16mm 圆孔内表面用去除材料方法获得的 Ra 的上限值为 3.2mm。

(3) 其余表面为不加工面。

(4) 铸件不得有砂眼、缩孔等缺陷，人工时效处理。

(5) 直径为 16mm 的孔基本尺寸偏差代号 H，公差等级 6 级，上偏差为 +0.016mm，下偏差为 0mm。

(6) 直径为 16mm 的孔的轴线对底板下底面的垂直度公差为 ϕ 0.02mm。

(7) 名称：组合体；材料：HT200；单位：长庆培训中心；图号：JCT11。

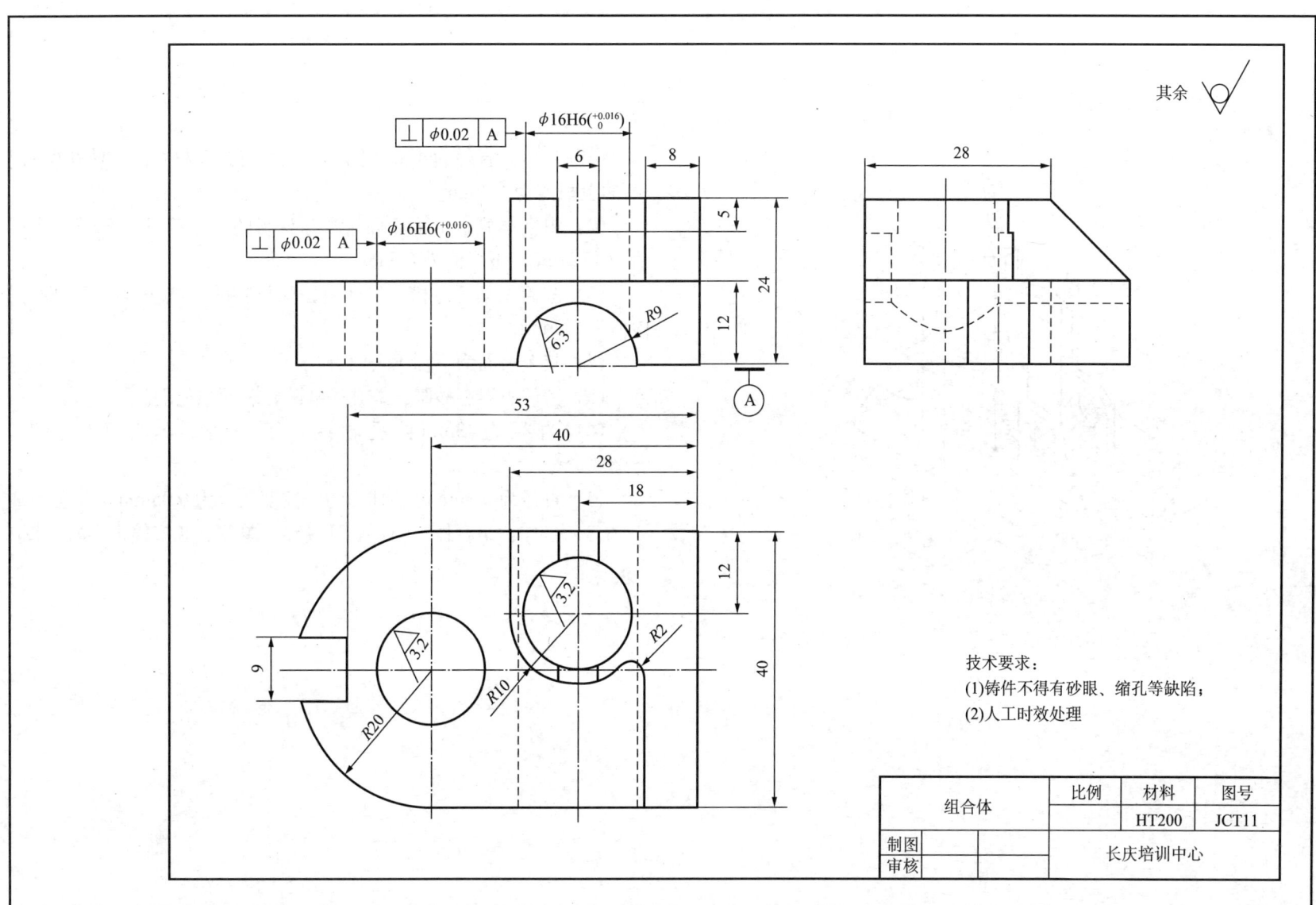

【例12】

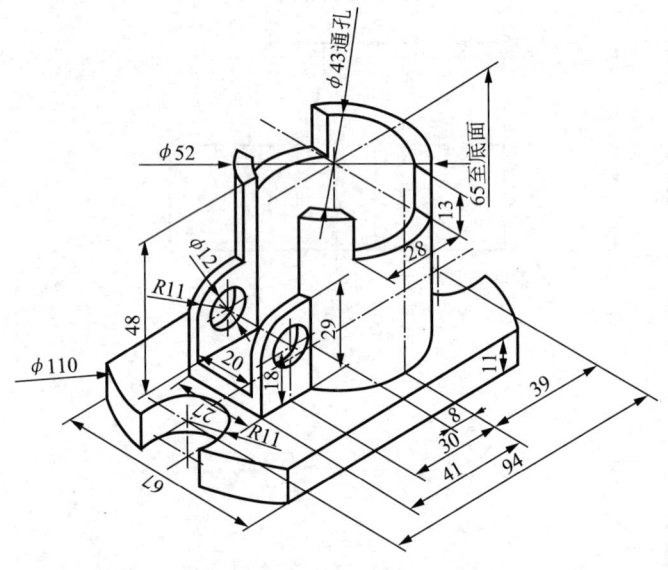

说明：(1) 直径为43mm圆孔内表面用去除材料的方法获得的 Ra 的上限值为6.3mm。

(2) 组合体底板上下底面用去除材料的方法获得的 Ra 的上限值为12.5mm，下限值为6.3mm。

(3) 圆筒上前后方槽两侧面用去除材料的方法获得的 Ra 的上限值为3.2mm。

(4) 其余表面为不加工表面。

(5) 铸件不得有砂眼、缩孔等缺陷，表面热处理。

(6) 直径为43mm圆孔轴线对下底面的垂直度公差为 $\phi 0.03$mm。

(7) 直径为52mm的圆柱面的圆柱度公差为0.05mm。

(8) 名称：组合体；材料：HT150；单位：长庆培训中心；图号：JCT12。

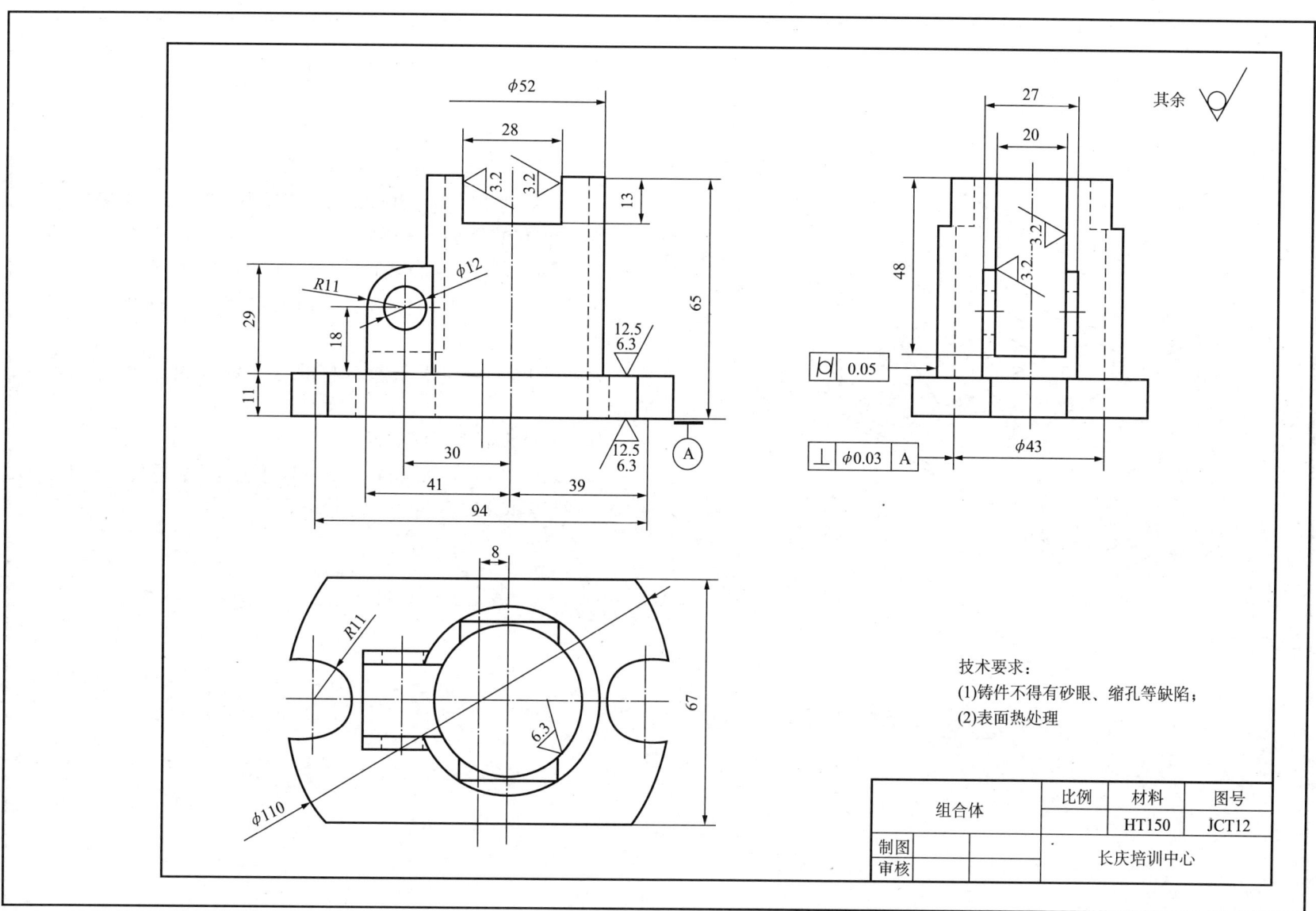

【例13】

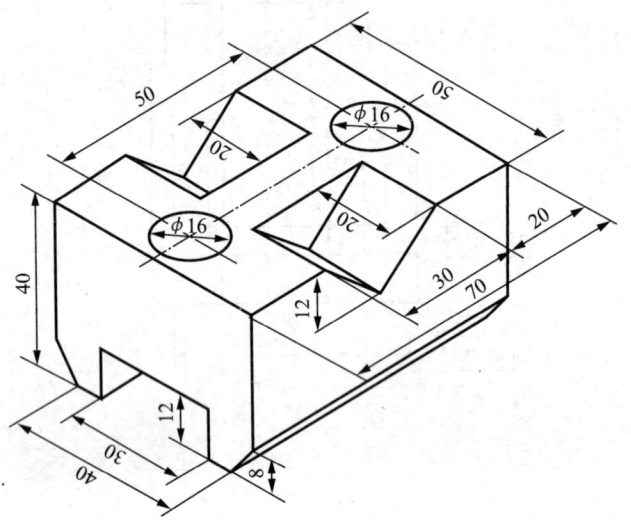

说明：（1）此结构前后、左右对称。

（2）V形槽宽尺寸为30mm的上偏差为+0.1mm，下偏差为0。

（3）下方槽侧面用去除材料的方法获得的 Ra 的上限值为3.2mm，槽底面用去除材料的方法获得的 Ra 的上限值为12.5mm。

（4）上方V形槽两侧面用任何方法获得的 Ra 的上限值为0.8mm。

（5）前后两端面用去除材料的方法获得的 Ra 的上限值为6.3mm。

（6）其余表面为不加工面。

（7）名称：切割体；材料：ZG45；数量：5；单位：长庆培训中心；图号：JCT13。

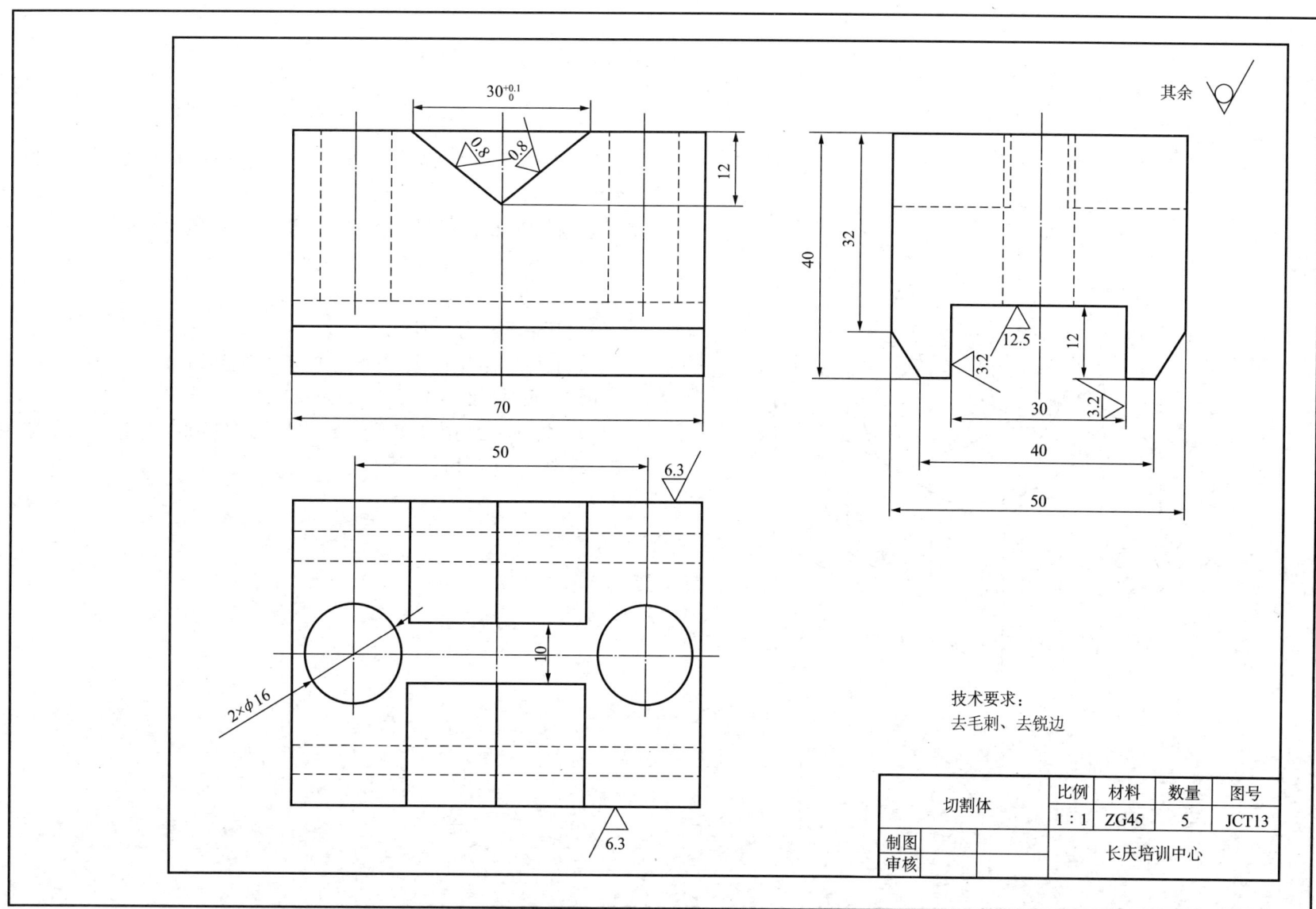

【例14】

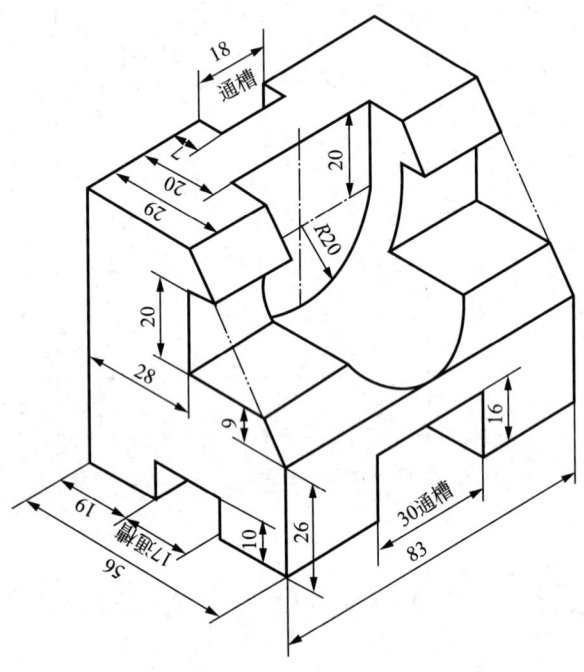

说明：（1）方槽两侧面用去除材料方法获得的 Ra 的上限值为 6.3mm。

（2）斜面用去除材料方法获得的 Ra 的上限值为 3.2mm。

（3）半径为 20mm 的半圆孔表面用去除材料方法获得的 Ra 的上限值为 12.5mm。

（4）其余表面为不加工面。

（5）铸件不得有砂眼、缩孔等缺陷，高温时效处理。

（6）下底面平面度公差为 0.03mm。

（7）名称：切割体；数量：1；材料：HT200；单位：长庆培训中心；图号：JCT14。

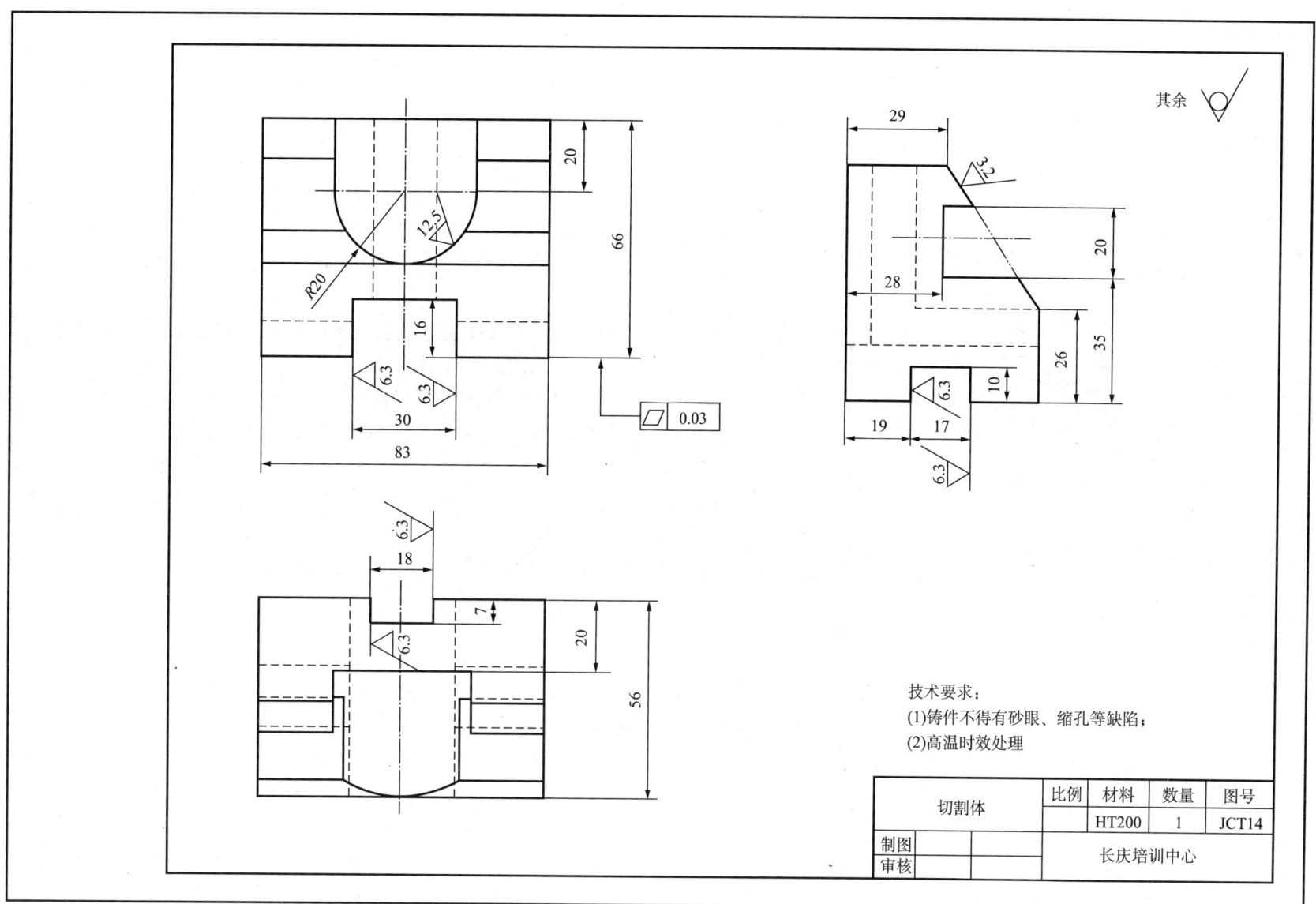

【例15】

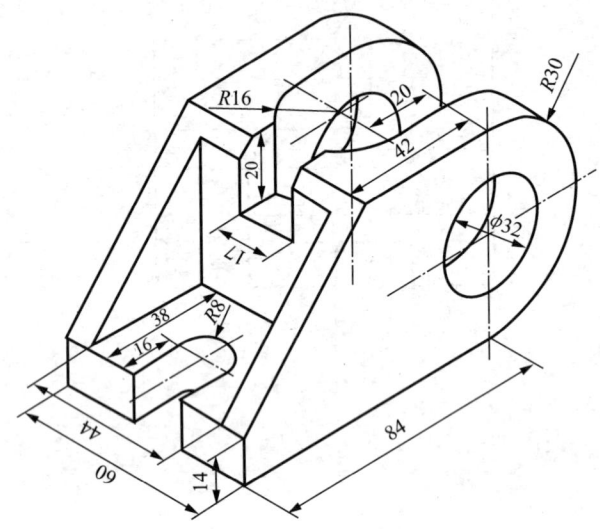

说明：（1）此结构前后对称。

（2）直径为32mm圆孔内表面用去除材料的方法获得的 Ra 的上限值为3.2mm。

（3）前后端面都是用去除材料的方法获得的 Ra 的上限值为6.3mm。

（4）左侧台阶面用去除材料的方法获得的 Ra 的上限值为12.5mm，下限值为6.3mm。

（5）其余表面为不加工面。

（6）铸件不得有砂眼、缩孔等缺陷，人工时效处理。

（7）直径为32mm孔轴线对左端面的平行度公差为0.03mm。

（8）名称：支座；材料：HT200；单位：长庆培训中心；图号：JCT15。

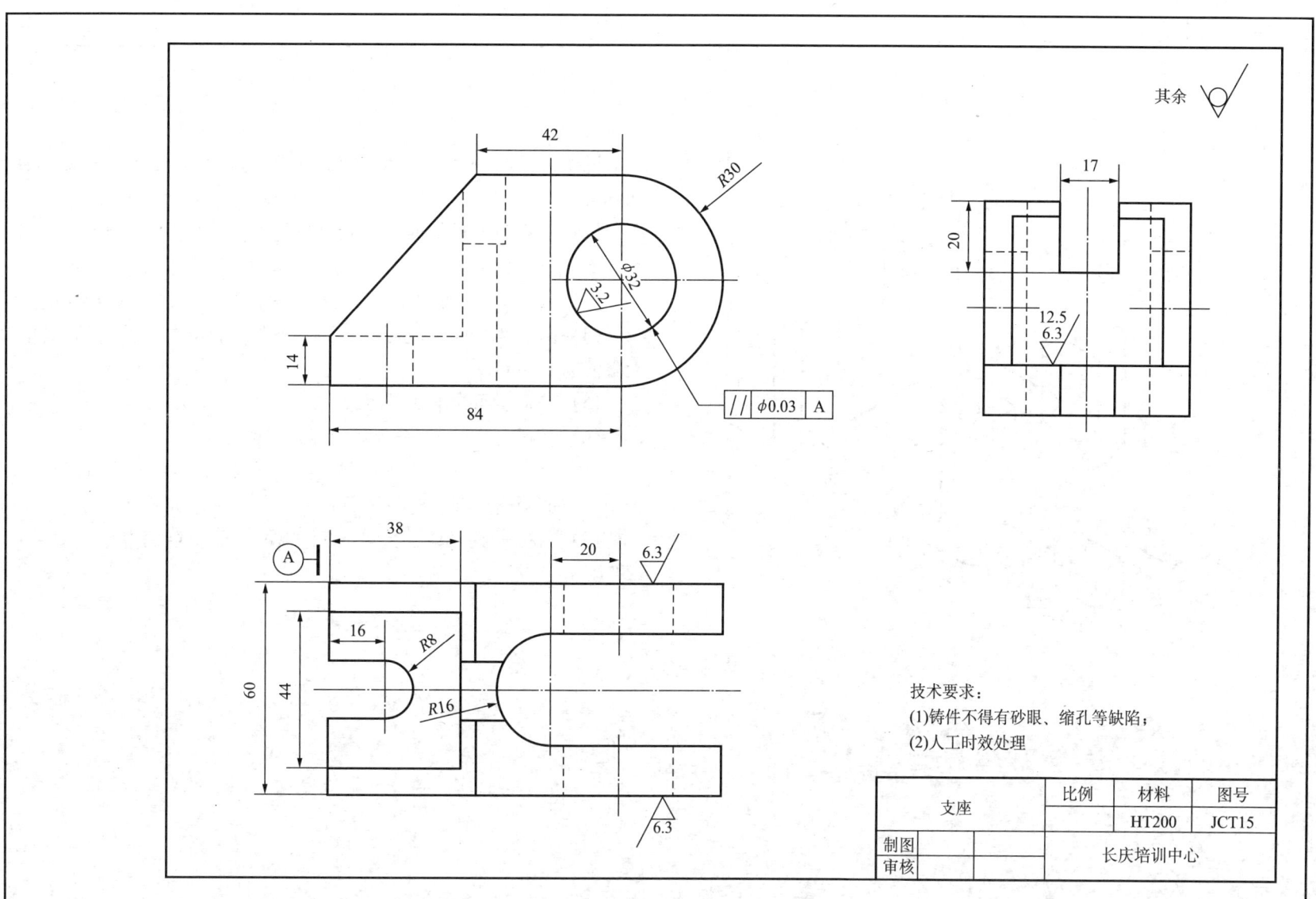

6-2 轴测图

【例1】

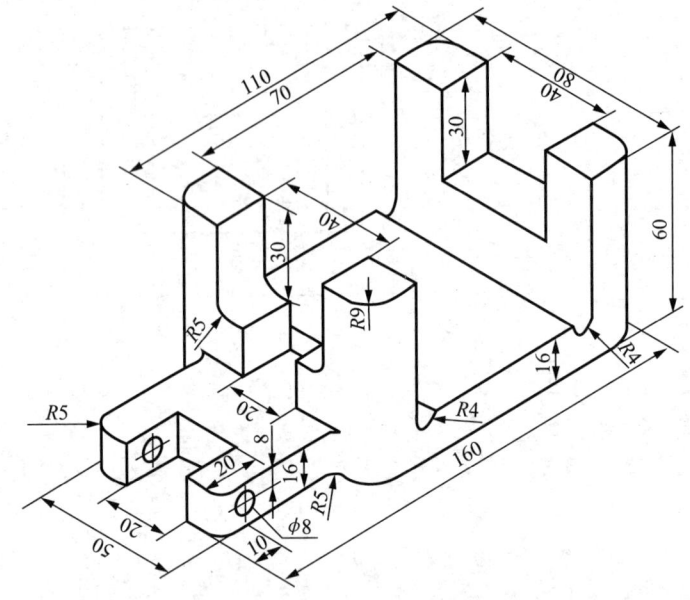

说明：(1) 槽宽尺寸为40mm的上偏差为+0.1mm，下偏差为0mm。

(2) 上方两方槽侧面用去除材料的方法获得的 Ra 的上限值为3.2mm，槽底面用去除材料的方法获得的 Ra 的上限值为12.5mm。

(3) 上中下三平面用任何方法获得的 Ra 的上限值为0.8mm。

(4) 前后两端面及左侧槽各面用去除材料的方法获得的 Ra 的上限值为6.3mm。

(5) 其余表面为不加工面。

(6) 材料为ZG45，铸造圆角为 $R3$mm。

(7) 上中两平面对下平面的平行度公差为0.01mm，宽度尺寸为20mm的两槽对前后对称平面的对称度公差为0.03mm。

(8) 名称：夹具体，数量：5；单位：长庆培训中心；图号：JZT01。

【例2】

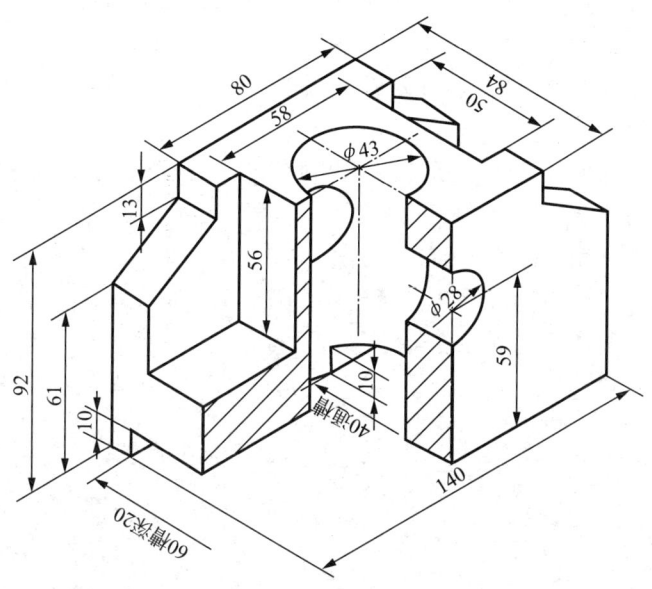

说明：(1) 此结构左右、前后对称。

(2) 直径为43mm 圆孔内表面用去除材料的方法获得的 Ra 的上限值为 3.2mm。

(3) 40 通槽的两侧面用去除材料的方法获得的 Ra 的上限值为 12.5mm，下限值为 6.3mm。

(4) 前后端面用不去除材料的方法获得的 Ra 的上限值为 12.5mm。

(5) 其余表面为不加工表面。

(6) 铸件不得有砂眼、缩孔等缺陷，高温时效处理。

(7) 直径为43mm 的圆孔轴线对下底面的垂直度公差为 ϕ0.030mm。

(8) 直径为28mm 的孔的基本尺寸偏差代号 H，公差等级 7 级，上偏差为 +0.016mm，下偏差为 0mm。

(9) 名称：支座；数量：3；材料：HT150；单位：长庆培训中心；图号：JZT02。

【例3】

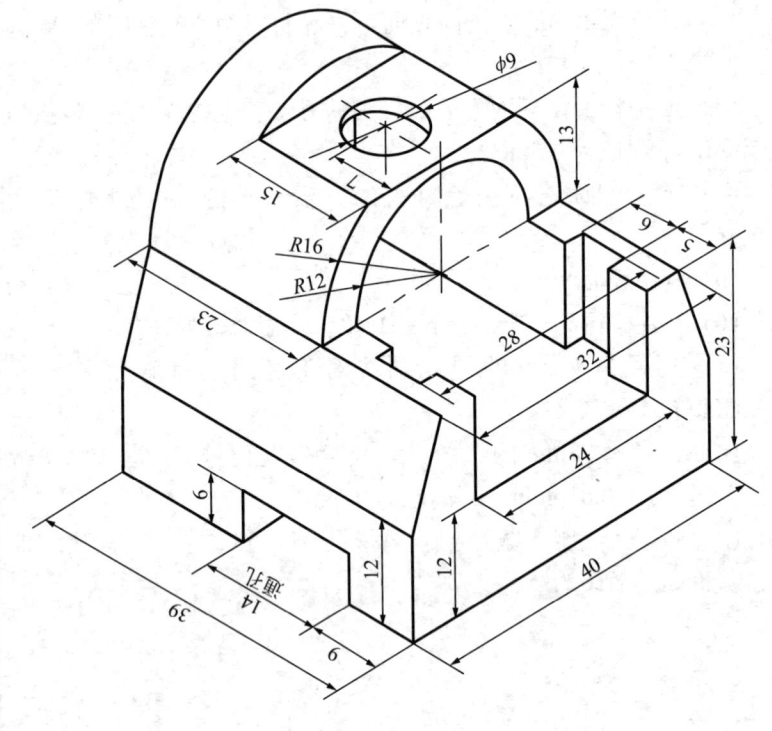

说明：（1）半径为12mm圆孔内表面用去除材料的方法获得的 Ra 的上限值6.3mm。

（2）切割体下底面用去除材料的方法获得的 Ra 的上限值为12.5mm，下限值为6.3mm。

（3）宽度为14mm的方槽两侧面用去除材料的方法获得的 Ra 的上限值3.2mm。

（4）其余表面为不加工表面。

（5）铸件不得有砂眼、缩孔等缺陷；高温时效处理。

（6）下底面的平面度公差为0.03mm。

（7）名称：支座；数量：58；材料：HT200；单位：长庆培训中心；图号：JZT03。

【例4】

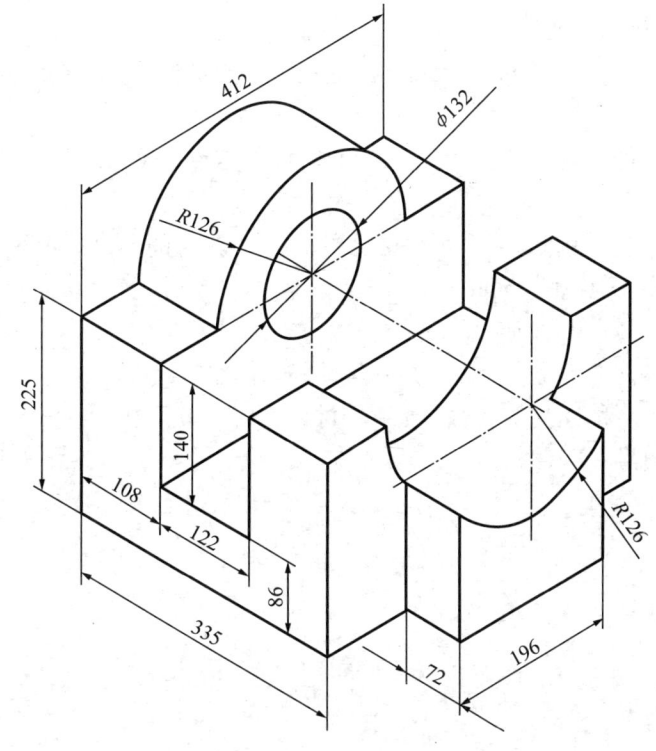

说明：（1）毛坯铸造。

（2）表面刷漆。

（3）铸造圆角 $R3 \sim R5$。

（4）$\phi 132$mm 圆柱孔内表面 Ra3.2mm，支座下底面 Ra12.5mm，R126mm 半圆柱内表面 Ra3.2mm，其余表面 Ra25mm。

（5）$\phi 132$mm 的上偏差为 $+12\mu$m，下偏差为 -24μm。

（6）$\phi 132$mm 轴线对下底面的平行度公差为 $\phi 0.050$mm。

（7）名称：组合体；数量：2；材料：HT200；单位：长庆培训中心；图号：JZT04。

【例5】

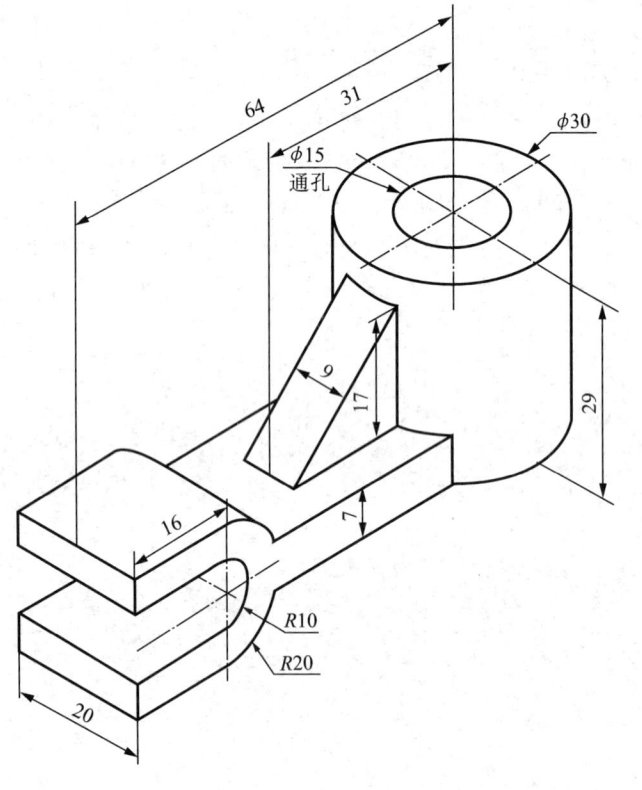

说明：（1）此结构为前后对称，圆筒下方有一直径为20mm，高度为10mm的圆孔。

（2）直径为20mm，15mm的圆孔用去除材料的方法获得的 Ra 的上限值为3.2mm。

（3）圆筒上下表面用去除材料的方法获得的 Ra 的上限值6.3mm。

（4）左端前后表面用去除材料的方法获得的 Ra 的上限值为12.5mm，下限值为6.3mm。

（5）其余表面为毛面。

（6）铸件不得有砂眼、缩孔等缺陷，高温时效处理。

（7）名称：支架；数量：6；材料：HT200；单位：长庆培训中心；图号：JZT05。

【例6】

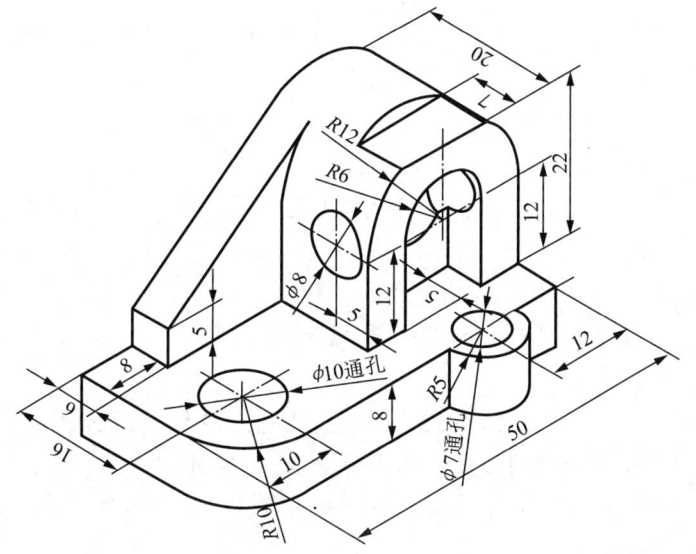

说明：（1）前槽后有一圆通孔，其与R6mm同心，直径为ϕ12mm。

（2）直径为12的孔用去除材料的方法获得的Ra的上限值为3.2mm。

（3）底板上下表面用去除材料的方法获得的Ra的上限值为6.3mm，下限值为3.2mm。

（4）其余表面为毛面。

（5）直径为12mm的孔对下底面的平行度公差为ϕ0.03mm。

（6）直径为8mm的圆柱面的圆柱度公差为0.05mm。

（7）铸件不得有砂眼、缩孔等缺陷，高温时效处理。

（8）名称：底座；数量：5；材料：HT200；单位：长庆培训中心；图号：JZT06。

【例7】

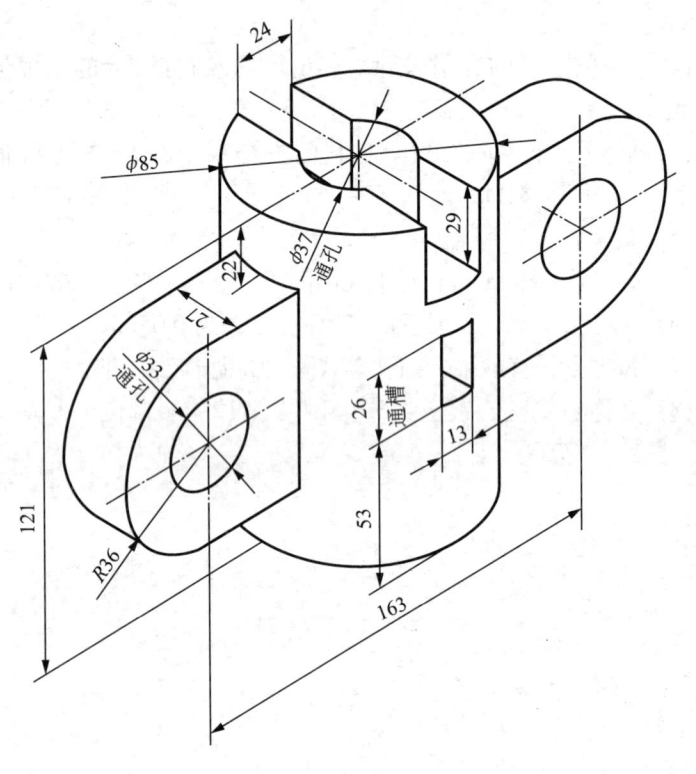

说明：（1）此结构左右对称。

（2）直径为36mm圆孔用去除材料的方法获得的 Ra 的上限值为3.2mm。

（3）顶面用去除材料的方法获得的 Ra 的上限值为12.5mm，下限值为6.3mm。

（4）两耳板前后表面用不去除材料的方法获得的 Ra 的上限值为12.5mm。

（5）其余表面为毛面。

（6）直径为37mm的孔轴线对下底面的垂直度公差为 $\phi 0.03$mm。

（7）直径为37mm的圆柱面的圆柱度公差为0.06mm。

（8）铸件不得有砂眼、缩孔等缺陷，高温时效处理。

（9）名称：支板；数量：5；材料：HT200；单位：长庆培训中心；图号：JZT07。

【例8】

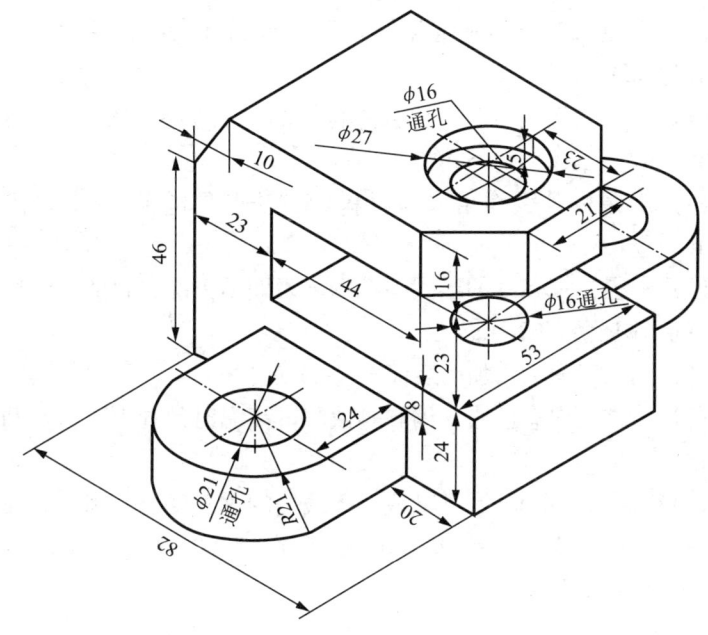

说明：（1）该结构左右对称。

（2）ϕ16mm、ϕ21mm 的孔的表面用去除材料的方法获得的轮廓算数平均偏差的上限值为 6.3mm。

（3）中间槽的上下两个表面用去除材料的方法获得的轮廓算数平均偏差的上限值为 12.5mm，下限值为 6.3mm。

（4）两耳板上下两底面用任何方法获得的轮廓算数平均偏差上限值为 6.3，下限值为 3.2mm。

（5）其余表面为毛面。

（6）孔 ϕ16mm 的轴线对下底面的垂直度公差为 ϕ0.01mm。

（7）孔 ϕ16mm 的尺寸的上偏差为 +0.035mm，下偏差为 0mm。

（8）铸件不得有砂眼、缩孔等缺陷，人工时效处理。

（9）名称：底板；数量：5；材料：HT200；单位：长庆培训中心；图号：JZT08。

【例9】

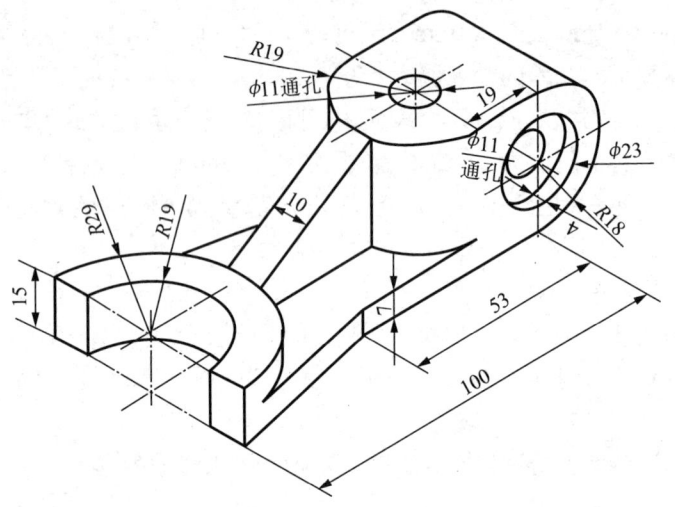

说明：（1）此结构前后对称。

（2）直径为11mm圆孔内表面用去除材料的方法获得的 Ra 的上限值为6.3mm。

（3）支座底板上下底面用去除材料的方法获得的 Ra 的上限值为12.5mm，下限值为6.3mm。

（4）半圆柱外表面用去除材料的方法获得的 Ra 的上限值为3.2mm。

（5）半径为19mm的半圆柱孔的内表面用去除材料的方法获得的 Ra 的上限值为3.2mm。

（6）其余表面为不加工表面。

（7）铸件不得有砂眼、缩孔等缺陷，高温时效处理，铸造圆角 R3mm。

（8）直径为11mm圆孔轴线对下底面的垂直度公差为0.03mm。

（9）名称：支座；数量：10；材料：HT200；单位：长庆培训中心；图号：JZT09。

【例10】

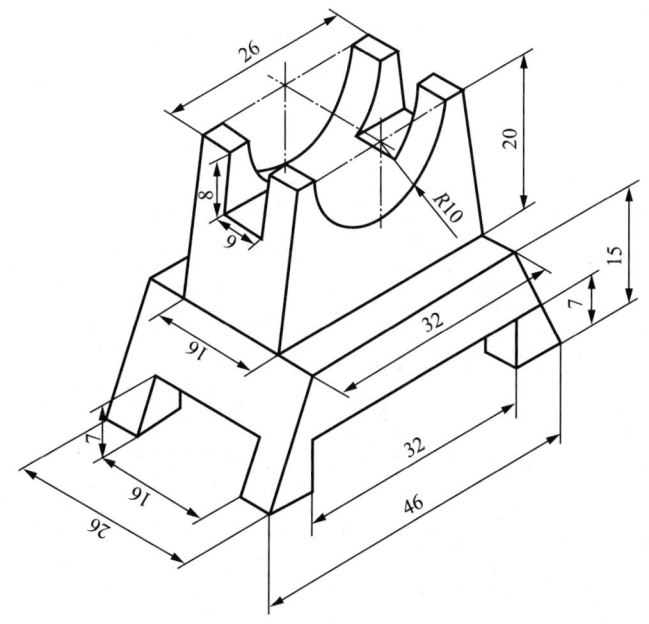

说明：（1）此结构前后、左右对称。

（2）半圆孔用去除材料的方法获得的 Ra 的上限值为 6.3mm。

（3）下方方槽的上表面用去除材料的方法获得的 Ra 的上限值为 12.5mm，下限值为 6.3mm。

（4）上方方槽两侧面用去除材料的方法获得的 Ra 的上限值为 6.3mm。

（5）其余表面为用去除材料的方法获得的 Ra 的上限值为 25mm。

（6）铸件不得有砂眼、缩孔等缺陷，高温时效处理。

（7）名称：支架；数量：9；材料：HT200；单位：长庆培训中心；图号：JZT10。

参 考 文 献

[1] 夏华生，王其昌. 机械制图. 北京：高等教育出版社，2005.
[2] 金大鹰. 机械制图. 北京：机械工业出版社，2000.
[3] GB/T 16675.2—1996 技术制图 简化表示法 第 2 部分：尺寸注法.
[4] 孙开元，郝振洁. 机械工程制图手册. 北京：化学工业出版社，2012.
[5] 孙开元，赵德龙. 机械识图. 北京：化学工业出版社，2004.
[6] GB/T 16675.1—1996 技术制图 简化表示法 第 1 部分：图样画法.
[7] GB/T 14692—2008 技术制图 投影法.
[8] 朱育万. 画法几何. 北京：高等教育出版社，1997.
[9] 杨裕银. 现代工程图学. 北京：北京邮电大学出版社，2003.
[10] 大连理工大学. 机械制图. 北京：高等教育出版社，1993.